建筑与市政工程施工现场专业人员继续教育教材

# 超高层建筑施工新技术

中国建设教育协会继续教育委员会　组织编写
徐　辉　主编
武佩牛　主审

中国建筑工业出版社

**图书在版编目（CIP）数据**

超高层建筑施工新技术 / 中国建设教育协会继续教育委员会组织编写. —北京：中国建筑工业出版社，2015.10
建筑与市政工程施工现场专业人员继续教育教材
ISBN 978-7-112-18552-8

Ⅰ.①超… Ⅱ.①中… Ⅲ.①超高层建筑-工程施工-教材
Ⅳ.①TU974

中国版本图书馆 CIP 数据核字（2015）第 242493 号

本书结合工程实例系统阐述了超高层建筑施工新技术，包括超高层建筑结构、液压自动爬升模板技术、整体提升钢平台模板技术、电动整体提升脚手架技术、混凝土工程施工、钢结构框架安装技术、钢结构桁架安装技术、钢结构塔桅安装技术。各章均附有思考题。

本书可作为建筑与市政工程施工现场专业人员培训教材，也可供相关工程技术人员参考使用。

责任编辑：朱首明　李　明　李　阳
责任设计：李志立
责任校对：李美娜　党　蕾

建筑与市政工程施工现场专业人员继续教育教材
**超高层建筑施工新技术**
中国建设教育协会继续教育委员会　组织编写
徐　辉　主编　　武佩牛　主审
*
中国建筑工业出版社出版、发行（北京西郊百万庄）
各地新华书店、建筑书店经销
北京红光制版公司制版
北京富生印刷厂印刷
*
开本：787×1092 毫米　1/16　印张：8¼　字数：201 千字
2015 年 10 月第一版　　2015 年 10 月第一次印刷
定价：**23.00** 元
ISBN 978-7-112-18552-8
（27812）

# 建筑与市政工程施工现场专业人员继续教育教材
# 编审委员会

**参编单位：**

中建一局培训中心

北京建工培训中心

山东省建筑科学研究院

哈尔滨工业大学

河北工业大学

河北建筑工程学院

上海建峰职业技术学院

杭州建工集团有限责任公司

浙江赐泽标准技术咨询有限公司

浙江铭轩建筑工程有限公司

华恒建设集团有限公司

# 序

建筑与市政工程施工现场专业人员队伍素质是影响工程质量、安全、进度的关键因素。我国从20世纪80年代开始，在建设行业开展关键岗位培训考核和持证上岗工作，对于提高建设行业从业人员的素质起到了积极的作用。进入21世纪，在改革行政审批制度和转变政府职能的背景下，建设行业教育主管部门转变行业人才工作思路，积极规划和组织职业标准的研发。在住房和城乡建设部人事司的主持下，由中国建设教育协会主编了建设行业的第一部职业标准——《建筑与市政工程施工现场专业人员职业标准》JGJ/T 250—2011，于2012年1月1日起实施。为推动该标准的贯彻落实，中国建设教育协会组织有关专家编写了考核评价大纲、标准培训教材和配套习题集。

随着时代的发展，建筑技术日新月异，为了让从业人员跟上时代的发展要求，使他们的从业有后继动力，就要在行业内建立终身学习制度。为此，为了满足建设行业现场专业人员继续教育培训工作的需要，继续教育委员会组织业内专家，按照《标准》中对从业人员能力的要求，结合行业发展的需求，编写了《建筑与市政工程施工现场专业人员继续教育培训教材》。

本套教材作者均为长期从事技术工作和培训工作的业内专家，主要内容都经过反复筛选，特别注意满足企业用人需求，加强专业人员岗位实操能力。编写时均以企业岗位实际需求为出发点，按照简洁、实用的原则，精选热点专题，突出能力提升，能在有限的学时内满足现场专业人员继续教育培训的需求。我们还邀请专家为通用教材录制了视频课程，以方便大家学习。

由于时间仓促，教材编写过程中难免存在不足，我们恳请使用本套教材的培训机构、教师和广大学员多提宝贵意见，以便我们今后进一步修订，使其不断完善。

中国建设教育协会继续教育委员会

2015年12月

# 前　言

近年来，随着中国经济强劲增加，城市人口快速增加，城市用地紧张的矛盾日益凸显，而高层建筑由于其用地少，城市基础设施费用低，可提高城市面貌等众多优点，得到了迅速发展。据不完全统计，就上海而言，16 层以上高层建筑幢数已排名世界第一，目前上海就有 4000 多幢高层建筑，其中 100m 以上的超高层建筑就有 1000 多幢，中国已逐步成为世界建造高层建筑的新中心。现代工程项目超限高建筑越来越多，施工技术难度与质量的要求不断在提高，施工技术管理的复杂程度和难度也越来越高，传统的技术方法、手段、经验已经无法适应快速发展的要求。

本书将为读者详细介绍我国建筑工程中常见的超高层建筑施工新技术，主要分为如下 8 个部分：超高层建筑结构、液压自动爬升模板技术、整体提升钢平台模板技术、电动整体提升脚手架技术、混凝土工程施工、钢结构框架安装技术、钢结构桁架安装技术、钢结构塔桅安装技术。通过上述 8 部分的介绍以期展现我国现有的超高层建筑最新施工新技术，能为读者今后的学习与工作起到一定的指引作用。本书可作为建筑与市政工程施工现场专业人员培训教材，也可供相关各院校相关专业师生参考。

本书由上海建峰职业技术学院徐辉主编，杨秀方、阳吉宝为副主编；参与编写人员还有：梁治国、夏凉风、张松、孙海忠、冯明伟、段存俊。

本书由武佩牛担任主审。

在本书编写过程中，得到了上海建工（集团）股份有限公司及其相关公司的大力支持，同时也得到了上海市建工设计研究院有限公司的田全红、赵家毅、林圣杰、张会新、谷远朋、董林兵同志的大力支持，在此表示衷心的感谢。

由于编者水平有限，加之时间仓促，不妥或错误之处在所难免，敬请广大读者指正。

# 目　录

# 第 1 章　超高层建筑结构

## 1.1　超高层建筑的定义

超高层建筑属于高层建筑的范畴。高层建筑的划分标准在国际上并不统一，但是基本原则是一致的。我国《民用建筑设计通则》GB 50352—2005 将住宅建筑层数划分为：1～3 层为低层；4～6 层为多层；7～9 层为中高层；10 层以上为高层；公共建筑及综合性建筑总高度超过 24m 为高层；凡高度超过 100m 的建筑均为超高层。日本建筑大辞典将 5～6 层至 14～15 层的建筑定义为高层建筑，15 层以上的建筑定义为超高层建筑。1972 年国际高层建筑会议将高层建筑按高度分为 4 类：9～16 层（最高到 50m）；17～25 层（最高到 75m）；26～40 层（最高到 100m）；40 层（100m）以上（即超高层建筑）。

## 1.2　超高层建筑结构类型

钢和混凝土是超高层建筑最主要和最基本的结构材料，根据所用结构材料的不同，超高层建筑结构可以划分为三大类型：钢结构、钢筋混凝土结构、混合结构与组合结构。

### 1.2.1　钢结构

钢结构充分利用了钢材抗拉、抗压、抗弯和抗剪强度高的优良特性，是一种历史悠久、应用广泛的超高层建筑结构类型。钢结构具有自重轻、抗震性能好、工业化程度高、施工速度快、工期比较短等优点，但是也存在钢材消耗量大、建造成本高、结构抗侧向荷载刚度小、体形适应性弱、防火性能差、施工技术和装备要求比较高等缺点。因此钢结构超高层建筑主要在工业化发展水平比较高的发达国家得到广泛应用。世界著名钢结构超高层建筑如图 1-1 所示；

(*a*)

(*b*)

(*c*)

图 1-1　世界著名钢结构超高层建筑

(*a*) 美国纽约帝国大厦；(*b*) 美国纽约世界贸易中心；(*c*) 美国芝加哥西尔斯大厦

我国著名钢结构超高层建筑如图 1-2 所示。

(*a*)

(*b*)

(*c*)

图 1-2　我国著名钢结构超高层建筑
(*a*) 北京长富宫饭店；(*b*) 北京京广中心；(*c*) 上海新锦江大酒店

### 1.2.2　钢筋混凝土结构

钢筋混凝土结构充分发挥了混凝土受压和钢筋受拉的优良特性，是一种广泛应用于超高层建筑的结构类型。钢筋混凝土结构具有原材料来源广、钢材消耗量小、建造成本低、结构抗侧向荷载刚度大、体形适应性强、防火性能优越、施工技术和装备要求比较低等优点，但是也存在自重比较大、现场作业多、施工工期比较长的缺点。因此钢筋混凝土结构超高层建筑首先在工业化发展水平比较低的发展中国家得到广泛应用。由于具有良好的经济性，因此近年来在发达国家，钢筋混凝土结构超高层建筑也日益增加。世界著名钢筋混凝土超高层建筑如图 1-3 所示；我国著名钢筋混凝土结构超高层建筑如图 1-4 所示。

### 1.2.3　混合结构与组合结构

钢结构和钢筋混凝土结构各有其优缺点，可以取长补短。在超高层建筑不同部位可以采用不同的结构材料，形成混合结构，在同一个结构部位也可以采用不同的结构材料形成组合（复合）结构。钢与钢筋混凝土组合方式多种多样，通过组合形成组合梁、钢骨梁、钢骨柱、钢管混凝土柱、组合墙、组合板和组合薄壳等。这些组合构件充分发挥了钢和钢筋混凝土两种材料的优势，性能优异，性价比高，因此已经广泛应用于超高层建筑工程中，上海环球金融中心和台北 101 大厦就是典型的组合结构。组合结构分类见表 1-1。

**组合结构分类**　　**表 1-1**

| 类　型 | 特　征 |
|---|---|
| 组合梁 | 钢梁通过连接件与其上钢筋混凝土楼板组合为一体 |
| 钢骨梁 | 钢筋混凝土梁与埋置其中的型钢组合为一体 |
| 钢骨柱 | 钢筋混凝土柱与埋置其中的型钢组合为一体 |
| 钢管混凝土柱 | 钢管与灌注其中的混凝土组合为一体 |
| 组合墙 | 钢筋混凝土墙与埋置其中的型钢组合为一体 |
| 组合板 | 压型钢板与其上钢筋混凝土板组合为一体 |
| 组合薄壳 | 钢板与其上钢筋混凝土板组合为一体 |

(a)　(b)　(c)　(d)　(e)　(f)

图 1-3　世界著名钢筋混凝土超高层建筑

(a) 殷盖兹大厦；(b) 玛丽娜城双塔；(c) 蒙特利尔市的维多利亚宫；
(d) 水塔大厦；(e) 多伦多斯科亚大厦；(f) 平壤柳京饭店

(a)　(b)　(c)

图 1-4　我国著名钢筋混凝土结构超高层建筑

(a) 香港合和中心；(b) 香港中环广场；(c) 广州中信广场

钢与钢筋混凝土结构混合方式比较少，按空间分布划分主要有横向混合和竖向混合两种基本方式。钢与钢筋混凝土按照自身性能分布在建筑横向不同部位，承受结构荷载，如核心筒采用钢筋混凝土材料，外框架及楼层梁采用钢材(或组合结构)，这样的混合方式即为横向混合。横向混合是超高层建筑最主要的混合方式，上海金茂大厦、香港国际金融中心二期工程都采用了横向混合结构。钢与钢筋混凝土按照自身性能分布在建筑竖向不同部位，承受结构荷载，如中下部采用钢筋混凝土材料，上部采用钢材，这样的混合方式即为竖向混合。竖向混合在超高层建筑中应用不多，最有代表性的工程是阿联酋迪拜的哈利法塔。哈利法塔在156层以下采用钢筋混凝土材料，157层以上采用钢材，高度达到828m，结构用钢量在75～100kg/m$^2$之间，设计师将钢与钢筋混凝土材料各自的优越性发挥到了极致。受经济发展水平所限，我国超高层建筑特别是高度超过150m的超高层建筑多采用钢与钢筋混凝土混合结构，如20世纪80年代建设的北京香格里拉饭店、上海静安希尔顿酒店、上海瑞金大厦和深圳发展中心大厦等都采用了钢框架和钢筋混凝土核心筒相结合的混合结构。20世纪90年代以来，采用钢与钢筋混凝土混合结构类型的超高层建筑越来越多，如深圳地王大厦(高384m，81层)、上海新金桥大厦(高167m，42层)、森茂国际大厦(高201m，46层)、世界金融大厦(高189m，46层)、世贸国际广场(高333m，63层)及金茂大厦(高421m，88层)。世界著名混(组)合结构超高层建筑如图1-5所示，世界200栋最高建筑结构类型分布图如图1-6所示。

(*a*) (*b*) (*c*)

图1-5 世界著名混（组）合结构超高层建筑

（*a*）上海金茂大厦；（*b*）香港国际金融中心二期；（*c*）台北101大厦

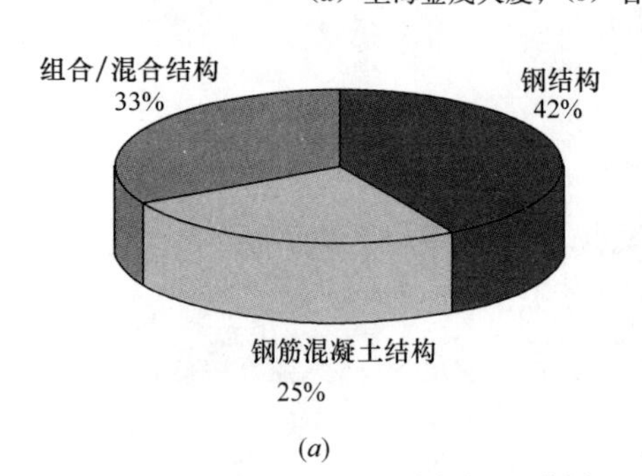


(*a*)

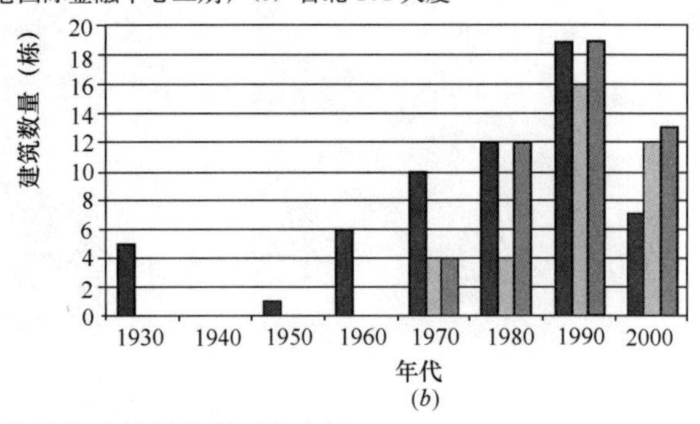


(*b*)

图1-6 世界200栋最高建筑结构类型分布图

（*a*）3种结构类型所占比例；（*b*）各年代各结构类型建筑数量

## 1.3　超高层建筑结构体系

超高层建筑承受的主要荷载是水平荷载和自重荷载，按照结构抵抗外部作用的构件组成方式，超高层建筑结构体系主要有：框架结构体系、剪力墙结构体系、筒体结构体系、框架—剪力墙（筒体）结构体系和巨型结构体系等。

1）框架结构体系

框架结构体系是由杆件—梁、柱所组成的结构体系，是一种承重体系与抗侧力体系合二为一的结构体系，它依靠梁、柱的抗弯能力来抵抗侧向荷载作用，如图 1-7 所示。框架结构体系具有结构布置灵活、室内空间开阔、使用比较方便等优点，但是也存在抗震性能较差、抗侧向荷载刚度较低、建筑高度受到限制等缺点。框架结构体系历史悠久，是高层建筑和超高层建筑发展初期主要的结构体系，目前主要用于不考虑抗震设防、层数较少的高层建筑中。在抗震设防要求高和高度比较大的超高层建筑中应用不多，高度一般控制在 70m 以下，只有极少数超高层建筑采用框架结构体系。

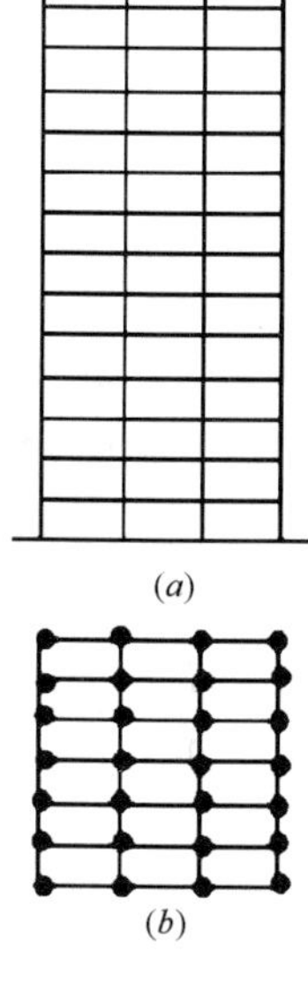

图 1-7　框架结构体系
(*a*) 立面图；(*b*) 平面图

2）剪力墙结构体系

剪力墙结构体系是利用建筑物墙体作为承受竖向荷载、抵抗水平荷载的结构体系，也是一种承重体系与抗侧力体系合二为一的结构体系。由于剪力墙采用现场浇捣的方法施工，因此剪力墙结构体系具有整体性好、抗侧向荷载刚度大、承载力高等优点，但是也存在剪力墙间距比较小、平面布置不灵活、难以满足公共建筑的使用要求等缺点。剪力墙结构体系在住宅及旅馆超高层建筑中得到广泛应用，广州白云宾馆剪力墙结构体系如图 1-8 所示。

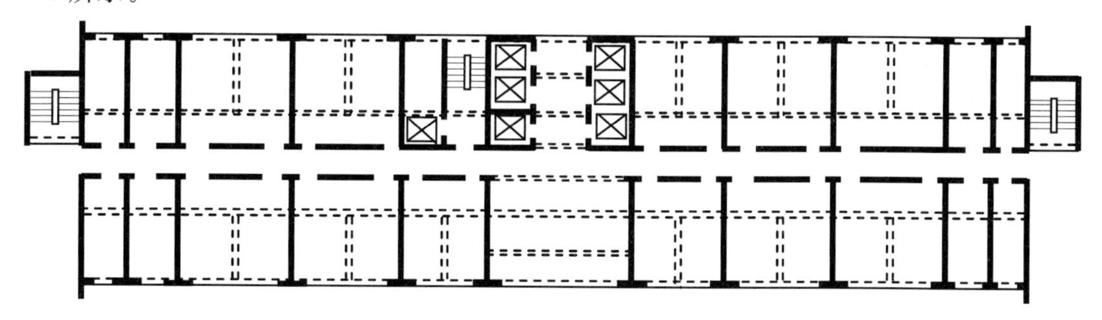

图 1-8　广州白云宾馆剪力墙结构体系

3）筒体结构体系

筒体结构体系是利用建筑物筒形结构体作为承受竖向荷载、抵抗水平荷载的结构体系，也是一种承重体系与抗侧力体系合二为一的结构体系。结构筒体可分为实腹筒、框筒和桁筒。平面剪力墙组成空间薄壁筒体，即为实腹筒；框架通过减小肢距，形成空间密柱框筒，即为框筒；筒壁若由空间桁架组成，则形成桁筒。实际结构中除烟囱等构筑物外不可能存在单筒结构，而常常以框架—筒体结构、筒中筒结构、多筒体结构和成束筒结构形式出现。若既设置内筒，又设置外筒，则称为筒中筒结构体系，它的典型代表就是美国世界贸易中心（见图 1-9）。美国世界贸易中心是双塔楼，每幢平面 63m×63m，建筑面积约 100 万 $m^2$，高分别为 415m 和 417m，采用的就是筒中筒结构体系。它的外柱中至中间距只有 1.02m，柱间以深梁相连，它们焊接在一起后，从整体上看像一片有小洞口的剪力墙，整个外墙围成一个外筒，内筒为钢桁架筒。美国西尔斯大厦则是著名的成束筒结构超高层建筑。

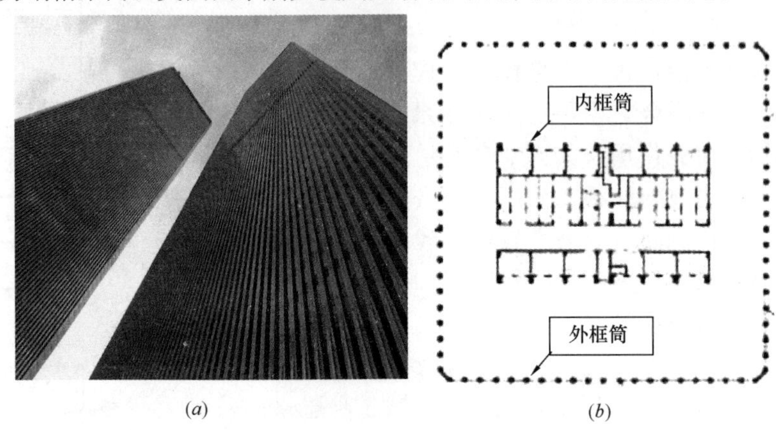


(a)　(b)

图 1-9　美国世界贸易中心筒中筒结构体系
(a) 实物图；(b) 平面示意图

4）框架—剪力墙（筒体）结构体系

在框架结构中设置部分剪力墙，使框架和剪力墙两者结合起来，取长补短，共同抵抗竖向荷载和水平荷载，就构成了框架—剪力墙结构体系。如果把剪力墙布置成筒体，就转化为框架—筒体结构体系。框架—剪力墙（筒体）结构体系是一种承重体系与抗侧力体系相结合的结构体系。框架—剪力墙（筒体）结构体系中，由于剪力墙（筒体）刚度大，剪力墙（筒体）将承受大部分水平荷载（有时可达 80%～90%），是抗侧力的主体，整个结构的侧向刚度大大提高。框架则承担竖向荷载，同时也承担少部分水平荷载。

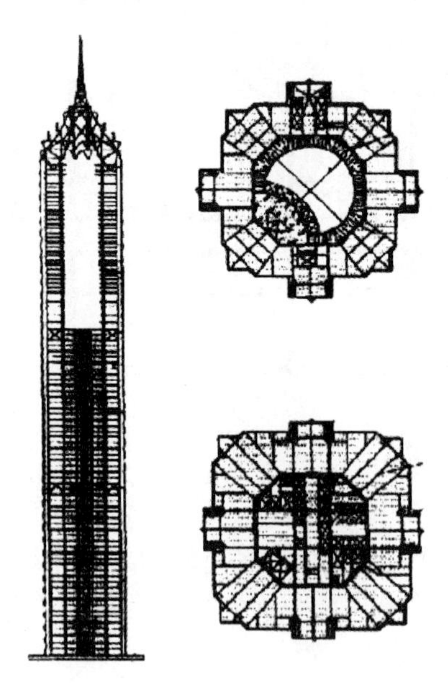

图 1-10　金茂大厦结构体系

框架—剪力墙（筒体）结构体系综合了框架结构体系和剪力墙（筒体）结构体系的优点，避开两种结构体系的缺点，应用极为广泛。与框架结构体系相比，框架—剪力墙（筒体）结构体系的刚度和承载能力都大大提高了，在地震作用下层间变形减小，因而也就减小了非结构构件（隔墙及外墙）的损坏，这样无论在非地震区还是地震区，这种结构体系都可用来建造较高的超高层建筑，目前在世界超高层建筑中得到广泛的应用。上海金茂大厦（见图 1-10）、台北 101 大厦、吉隆坡石油大厦都采用了框架—筒体结构体系。

5）巨型结构体系

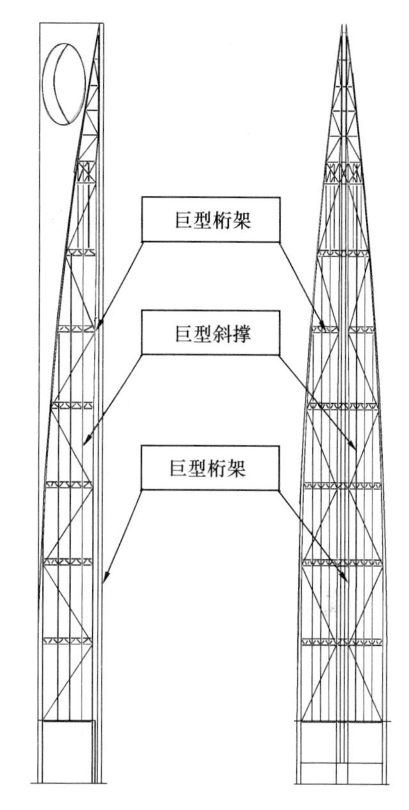


图 1-11　上海环球金融中心巨型结构体系

巨型结构一般由两级结构组成。第一级结构超越楼层划分，形成跨越若干楼层的巨梁、巨柱（超级框架）或巨型桁架杆件（超级桁架），承受水平荷载和竖向荷载。楼面作为第二级结构，只承受竖向荷载并将荷载所产生的内力传递到第一级结构上。常见的巨型结构有巨型框架结构和巨型桁架结构。巨型结构体系非常高效，抗侧向荷载性能卓越，应用日益广泛。上海环球金融中心（见图 1-11）、香港国际金融中心二期都采用了巨型结构体系。目前超高层建筑高度不断增加，但是建筑宽度受自然采光所限难以同步增加，因此只有不断提高结构体系效率，才能在建筑宽度保持基本不变的情况下，继续实现超高层建筑的新跨越。

不同的结构体系所具有的强度和刚度是不一样的，因而它们适合应用的高度也不同（见图 1-12）。一般说来，框架结构适用于高度低、层数少、设防烈度低的情况；框架—剪力墙（筒体）结构和剪力墙结构可以满足大多数建筑物的高度要求；在层数很多或设防烈度要求很高时，筒体结构不失为合理选择；巨型结构则将支撑超高层建筑实现更大跨越。

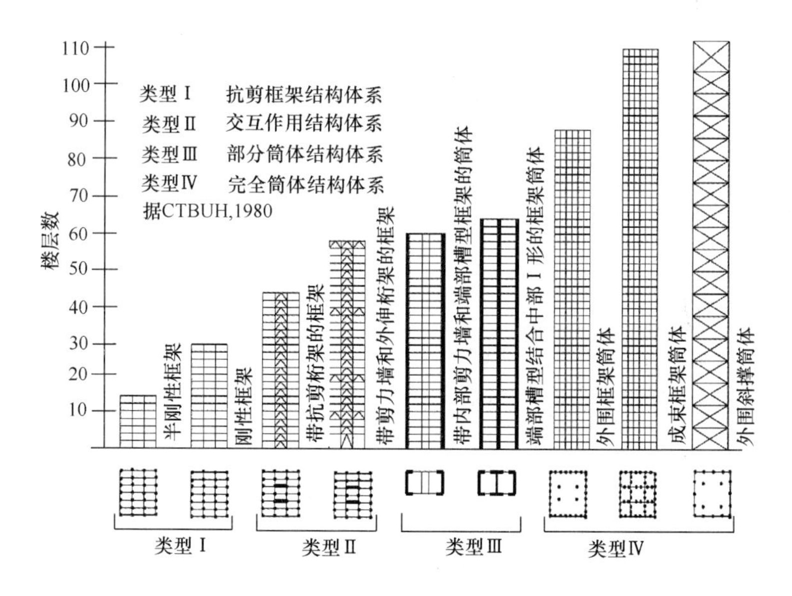


图 1-12　结构体系的高度适应性

# 1.4　超高层建筑施工的特点

## 1.4.1　超高层模板工程

超高层建筑最显著的特点是结构超高，故其模板工程具有鲜明特点：

1）竖向模板为主体。目前超高层建筑多采用框—筒、筒中筒结构体系，核心筒以钢筋混凝土结构为主，外框架（筒）以钢结构为主，水平结构（楼板）一般采用压型钢板作模板，因此超高层建筑结构施工中，核心筒的模板工程量最大。在超高层建筑中，核心筒内多为电梯和机电设备井道，楼板缺失比较多，竖向结构（剪力墙）工作量较水平结构（楼板）工作量大得多，竖向模板面积远远超过水平模板面积。如广州新电视塔核心筒中，竖向模板面积约为水平模板面积的6倍。因此超高层建筑模板工程设计必须以竖向模板为重点，以加快竖向结构施工为目标。

2）施工精度要求高。超高层建筑结构超高，受力复杂，施工精度，特别是垂直度对结构受力影响显著。另外超高层建筑设备如电梯正常运行对结构垂直度也有严格要求，因此超高层建筑模板工程系统必须具备较高的施工精度。

3）施工效率要求高。超高层建筑施工往往采用阶梯形竖向流水方式，核心筒是其他工程施工的先导，核心筒施工速度对其他部位结构施工速度，甚至整个超高层建筑施工速度都有显著影响，因此超高层建筑模板工程必须具有较高工效。

总之，超高层建筑模板工程设计必须以核心筒为重点，以竖向结构为主体，在确保施工精度的前提下，努力提高施工效率。

超高层建筑施工有赖于先进的模板工程技术，同时超高层建筑的蓬勃发展又极大地促进了模板工程技术的进步。21世纪以来是超高层建筑大发展的时期，模板工程技术呈现出百花齐放、丰富多彩的发展局面，液压滑升模板工程技术、液压自动爬升模板工程技术、整体提升钢平台模板工程技术和电动整体提升脚手架模板工程技术已经成为超高层建筑结构施工主流模板工程技术。

## 1.4.2　钢结构的安装工程

1）工程特点

钢结构加工制作全部在工厂完成，施工现场作业少，现场作业机械化程度高，施工速度快，施工工期短，满足了建设单位对工期控制的需要，因此在超高层建筑中应用日益广泛。当前超高层建筑钢结构工程具有以下特点：

（1）钢结构应用高度不断突破。由于钢结构具有优良的特性，因此已经成为目前超高层建筑最重要的结构材料之一，世界上许多重要的超高层建筑都或多或少使用了钢结构。特别是钢结构往往成为超高层建筑顶部结构，因此超高层建筑高度每一次跨越常常成为钢结构应用高度新突破。从1930年美国纽约克莱斯勒大厦突破300m高度（77层，高319m），到1973年美国纽约世界贸易中心跨越400m（110层，高417m），再到2004年中国台北101大厦跨上500m台阶（101层，高508m），最后到2010年阿联酋迪拜哈利法塔达到828m，都是超高层建筑钢结构应用高度不断突破的见证。

（2）钢结构体系更加复杂。一方面，钢结构要适应超高层建筑高度不断增加的新形势，通过结构体系创新提高结构抵抗侧向荷载的效率。另一方面，钢结构要适应超高层建筑造型日益多样的新形势，通过结构体系创新满足建筑设计需要。因此超高层建筑钢结构体系朝更加复杂的方向发展，结构巨型化的趋势越来越明显。近年来采用巨型钢结构体系的超高层建筑不断增加，如美国纽约世贸中心1号楼、北京中央电视台新台址大厦主楼、上海环球金融中心、广州新电视塔和广州国际金融中心等。

（3）钢结构构件越来越重。由于超高层建筑高度不断增加，体型日益多样，钢结构承受的荷载越来越大。为了提高钢结构构件的承载能力，除了提高钢材强度外，主要是增大钢结构构件几何尺寸。一方面，扩大钢结构构件断面，上海中心巨型柱劲性钢结构柱外包尺寸达到3.7m×5.3m；另一方面，增加钢板厚度，超高层建筑钢结构应用的钢板厚度超过100mm，有的达到150mm。这导致钢结构构件越来越重。广州国际金融中心外框斜交网格钢结构“X”形节点最长12m，壁厚55mm（节点中部椭圆拉板厚度100mm），重达64t。中央电视台新台址大厦主楼钢结构构件最大质量达到80t。上海中心巨型柱劲性钢结构构件质量达到8t/m，构件最大质量达90t。

2）施工特点

超高层建筑钢结构应用高度不断突破、结构体系更加复杂、构件越来越重，使钢结构施工具有鲜明特点：

（1）施工机械要求高。钢结构安装对施工机械的依赖比较强。现代超高层建筑钢结构施工对塔式起重机等的要求越来越高。一方面要求塔式起重机具有很强的起吊能力，能够将重型钢构件吊装至所需的空间位置；另一方面要求塔式起重机具有很高的起吊效率，能够适应超高层建筑施工工期紧迫的新形势。

（2）施工工艺要求高。早期的超高层建筑体形规整，结构简单，钢结构安装比较容易，采用塔式起重机高空散装工艺安装即可。现代超高层建筑体形变化大，结构复杂，钢结构安装难度大，施工工艺要求高。在现代超高层建筑钢结构安装中，尽管塔式起重机高空散装工艺仍为主导工艺，但是对其中一些特殊结构如重型桁架、塔桅，或者少量超重构件，就必须探索更加高效、经济、安全的安装工艺。

### 1.4.3 混凝土工程

1）工程特点

作为建筑材料，混凝土具有优良的特性：（1）性价比高。混凝土原材料来源广，价格低廉，抗压性能卓越；（2）成型性好。混凝土能够依据模板浇筑成各种复杂形状的结构构件，易于实现设计意图；（3）防火性能优异。混凝土属天然的防火材料，无需采取附加措施即可满足建筑防火要求；（4）结构稳定性强。混凝土结构重量大、刚度大，抵抗侧向荷载能力强；（5）施工技术简单。相对钢结构而言，混凝土生产、施工技术比较简单，设备投入少，特别适合发展中国家的经济发展水平。因此混凝土在超高层建筑中得到广泛应用，已经成为超高层建筑两种主要的结构材料之一，而且随着混凝土技术的不断进步，混凝土在超高层建筑中的应用范围还将日益扩大。当前超高层建筑混凝土工程具有以下特点：

（1）混凝土应用高度不断突破。自1903年美国俄亥俄州辛辛那提市16层、高65m

的殷盖兹大厦（Ingalls Building）使用以来，混凝土在超高层建筑中的应用高度不断突破。到20世纪末，伴随1998年上海金茂大厦（混凝土结构高382.5m）和吉隆坡石油大厦（混凝土结构高380m）建成，超高层建筑混凝土应用高度接近400m。进入21世纪，得益于超高层建筑的快速发展，混凝土应用高度一路攀升，2003年香港国际金融中心建设使混凝土应用高度突破了400m大关，达到408m。2007年上海环球金融中心工程中混凝土应用高度达到492m，逼近500m。2008年迪拜哈利法塔实现了混凝土应用高度的新跨越，达到创纪录的601m。

（2）混凝土设计强度不断增加。随着高度的不断增加，超高层建筑结构承受的荷载越来越大，对混凝土性能特别是强度性能提出了更高要求。提高混凝土强度一方面可以减少材料消耗，另一方面可以缩小结构断面，扩大建筑使用空间，提高经济效益，因此工程技术人员一直致力于实现超高层建筑混凝土高强化。美国和日本同行在超高层建筑混凝土高强化方面做了积极探索，取得了丰硕成果。美国早在20世纪80年代就实现了C80级混凝土工程化应用。在西雅图双联广场工程（56层，高226m）中，钢管混凝土强度达到了C131。正在建设中的纽约世界贸易中心1号楼应用了强度为96.5MPa的混凝土。日本建设省早在1988～1993年即开展了“钢筋混凝土结构建筑物的超轻质、超高层化技术的开发”，攻克了设计标准强度为60～120MPa的混凝土设计和施工关键技术难题，获得大量的科研成果，并在工程中获得了试验验证与工程应用。2008年大成建设在施工程KOSUGI大厦实现了150MPa混凝土工程化应用。日本大林组等企业已经掌握了200MPa混凝土制备技术。相对而言，我国在高强混凝土研究和应用方面与国际先进水平还有很大差距，我国工程化应用的混凝土强度还在100MPa以下。超高层建筑混凝土工程应用一览见表1-2。

**超高层建筑混凝土工程应用一览**　　**表1-2**

| 项目名称 | 建筑层数 | 建筑高度（m） | 泵送混凝土高度（m） | 混凝土最高强度 | 竣工时间 |
|---|---|---|---|---|---|
| 上海金茂大厦 | 88 | 420.5 | 382.5 | C60 | 1998 |
| 吉隆坡石油大厦 | 88 | 452 | 380 | C80 | 1998 |
| 香港国际金融中心二期 | 88 | 415 | 408 | C60 | 2003 |
| 台北101大厦 | 101 | 508 | 445.2 | C70 | 2004 |
| 上海环球金融中心 | 101 | 492 | 492 | C60 | 2008 |
| 迪拜哈利法塔 | 168 | 828 | 601 | C80 | 2009 |
| 纽约世界贸易中心1号楼 | 108 | 541 | | 14000psi | 在建 |
| 香港环球贸易广场 | 118 | 485 | 419.5 | C90 | 在建 |
| 南京紫峰大厦 | 69 | 450 | 381 | C70 | 2009 |
| 广州国际金融中心 | 103 | 432 | 437.45 | C80 | 在建 |

2）施工特点

（1）材料性能要求高

超高层建筑设计和施工对混凝土材料性能提出了很高的要求。首先为了满足设计需要，混凝土必须具有良好的力学性能以及良好的体积稳定性。同时为满足施工需要，混凝土还必须具有良好的工作性能。因此超高层建筑混凝土属于高性能混凝土。具体而言，混凝土材料性能必须满足以下要求：

① 良好的力学性能。一方面，混凝土要有很高的强度和弹性模量，以满足超高层建筑承载需要；另一方面，混凝土还要有良好的体积稳定性，以满足超高层建筑耐久性需要。

② 良好的工作性能。混凝土拌合物必须具有优异的流动性、黏聚性和保水性，才能实现混凝土超高程泵送。另外随着商品混凝土的发展，新拌混凝土的运输距离显著增加，混凝土拌合物还必须具有良好的工作性能保持能力。

③ 实现多种性能统一。混凝土生产中兼顾力学性能和工作性能具有相当大的技术难度。因为这两种性能对混凝土配合比设计提出的要求是矛盾的。比如要提高混凝土强度，就必须降低混凝土水灰（胶）比，而要改善混凝土的工作性能，就必须尽可能将混凝土水灰（胶）比保持在较高的水平。如图 1-13 所示。超高层建筑混凝土需要将工作性能与力学性能协调统一。

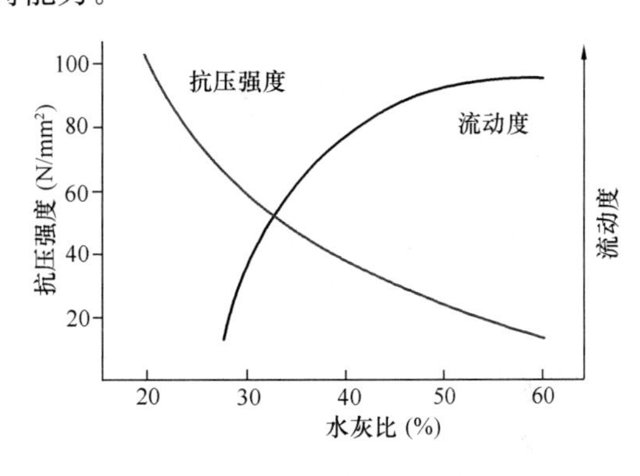


图 1-13　混凝土水灰比与抗压强度和流动度的关系

（2）施工设备要求高

超高层建筑混凝土强度和应用高度的不断增加，对混凝土泵送设备的要求越来越高。混凝土强度增加以后，黏度明显增大，流动性下降，泵送阻力增加。同时泵送高度增加也会显著增大混凝土泵送阻力。因此随着超高层建筑的发展，混凝土泵送出口压力也由 20 世纪 70 年代的 2.94MPa 增加到目前的 22.0MPa，而且还有继续增加的趋势。另外超高层建筑体量显著增加，而业主为了降低投资成本，对施工速度要求更高了，因此对混凝土泵送速度也提出了更高要求。混凝土泵排量由过去的 $60 \sim 80m^3/h$ 为主提高到现在的 $80 \sim 120m^3/h$ 为主。

（3）施工技术要求高

混凝土超高程泵送的顺利进行既有赖于工作性能卓越的混凝土材料和泵送设备，也需要先进的施工技术作保障，如泵送工艺选择和泵送管路系统设计。有效的施工组织和熟练的人工操作对混凝土超高程泵送顺利进行也具有重要作用。

## 思　考　题

1. 超高层建筑的结构类型有哪些？各有什么优缺点？
2. 超高层建筑的结构体系有几种？详细描述其优缺点及适用范围。
3. 简述筒体结构体系的类型和结构特点。
4. 超高层建筑施工的重点及难点表现在哪几个方面？其施工特点是什么？

# 第2章　液压自动爬升模板技术

## 2.1　概述

早期的高层建筑钢筋混凝土结构施工采用的模板和脚手架相互分离、自成体系，模板和脚手架安装依次进行，塔式起重机配合吊装工作量大，作业效率低，施工安全隐患多。随着建筑高度的不断增加，模板与脚手架相互分离、自成体系的缺陷越来越明显，为此德国PERI公司在20世纪70年代初开发了塔升模板脚手架系统（Crane Lifted Formwork Scaffold）如图2-1所示。所谓塔升模板脚手架系统是将安全作业平台（脚手架）和模板系统合而为一，塔式起重机一次将模板和作业平台安装到位，塔式起重机吊装工作量减少，作业效率明显提高。工人在作业平台上安装爬升模板系统，安全性大大提高。

但是塔升模板脚手架系统仍然存在塔式起重机作业工作量比较大，模板拆除、安装次数多，安全隐患比较大的缺陷。PERI公司于1978年开发了自动爬升模板系统（Self-climbing Formwork System），如图2-2所示。经过不断改进完善发展成为液压自动爬升模板系统（Automatic Climbing System）。世界许多著名的超高层建筑如马来西亚吉隆坡石油大厦、阿联酋迪拜哈利法塔都采用了液压自动爬升模板系统施工钢筋混凝土结构。

改革开放以来，我国开始引进、消化和吸收国外先进的液压自动爬升模板工程技术，取得了一定成绩。1994年深圳地王商业大厦（81层，高325m）采用了瑞士VSL液压自动爬升模板工艺施工，平均施工速度达到了3.5d施工一层，创造了最快时2.5d施工一层的施工速度记录。但是由于国外液压自动爬升模板系统价格非常高，在经济性方面与我国传统模板系统比较优势不明显，因此推广应用极为缓慢。2004年上海环球金融中心采用DOKA液压自动爬升模板系统施工巨型柱，解决了巨型柱收分、倾斜等施工难题。近年来，为了实现我国超高层建筑模板工程技术跨越，北京市建筑工程研究院和上海建工（集团）总公司技术中

图2-1　PERI KGF 240塔升模板脚手架系统

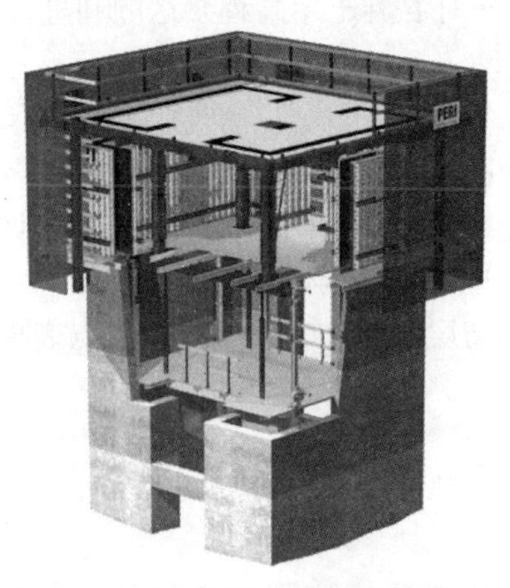


图2-2　PERI液压自动爬升模板系统

心等单位都研制了具有自主知识产权的液压自动爬升模板系统，并成功应用于超高层建筑工程实践，大大缩小了我国与发达国家在超高层建筑模板工程技术方面的差距。

## 2.2　工艺原理及特点

### 2.2.1　工艺原理概述

液压自动爬升模板工程技术是现代液压工程技术、自动控制技术与爬升模板工艺相结合的产物。液压自动爬升模板系统与传统爬升模板系统的工艺原理基本相似，都是利用构件之间的相对运动，即通过构件交替爬升来实现系统整体爬升。液压自动爬升模板工程技术是在同步爬升控制系统作用下，以液压为动力实现模板系统由一个楼层上升到更高一个楼层位置。其施工总体工艺流程如下：

1）首节使用常规的施工方法施工，首节高度根据爬模的高度确定。按照设计图纸中的位置，根据爬模的尺寸要求预埋爬升附墙固定件，浇捣混凝土。

2）混凝土养护期间绑扎上层钢筋，待混凝土养护达到强度要求后，拆除模板，安装附墙导向装置及爬模系统。

3）上层钢筋绑扎完成后，系统自动爬升。

4）系统自动爬升到位后，安装模板、浇捣混凝土，进入下一个作业循环。如图 2-3

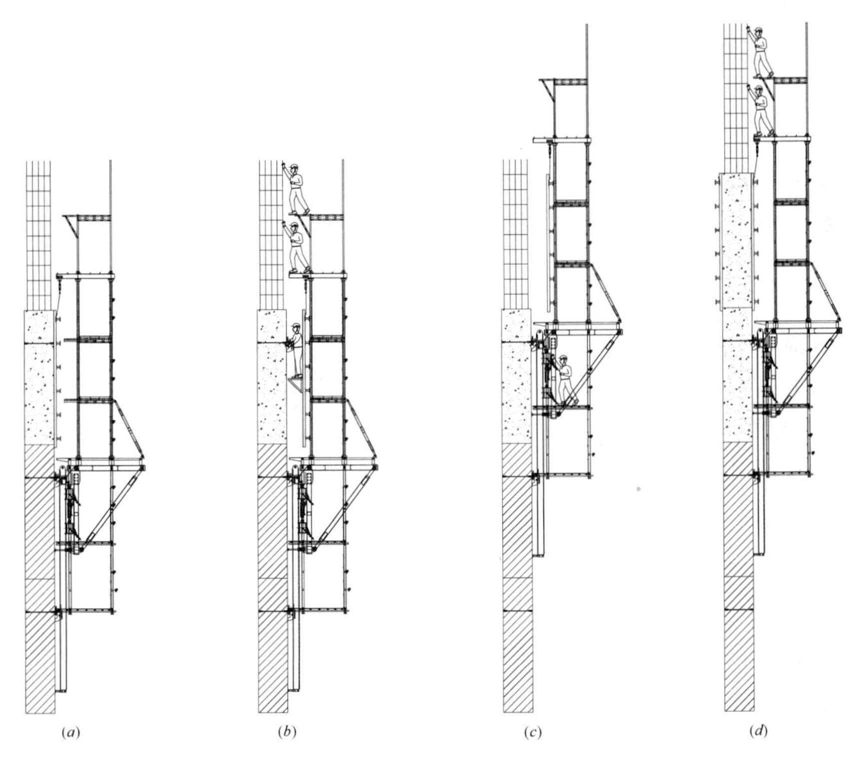


图 2-3　液压自动爬升模板施工总体工艺流程

(*a*) 步骤一：混凝土浇捣及养护；(*b*) 步骤二：绑扎钢筋，混凝土养护等强后拆模，安装附墙及导向装置；(*c*) 步骤三：系统爬升；(*d*) 步骤四：安装模板，浇捣混凝土，绑扎钢筋，进入下一个作业循环

所示。

与人力爬升模板工程技术不同，液压自动爬升模板工程技术利用液压系统循环往复的小步距爬升实现整个系统的大步距（一个施工流水段）爬升。棘爪、千斤顶组件为联系件，与导轨和架体组成一种具有导向功能的互爬机构。这种互爬机构以附墙装置为依托，利用导轨与架体之间的相互运动功能，通过液压千斤顶对导轨和爬架交替顶升来实现模板系统爬升。

### 2.2.2 工艺特点

液压自动爬升模板系统是传统爬升模板系统的重大发展，工作效率和施工安全性都显著提高。与其他模板工程技术相比，液压自动爬升模板工程技术具有显著优点：

1）自动化程度高。在自动控制系统作用下，以液压为动力不但可以实现整个系统同步自动爬升，而且可以自动提升爬升导轨。平台式液压自动爬升模板系统还具有较高的承载力，可以作为建筑材料和施工机械的堆放场地。经过特殊设计，液压自动爬升模板系统可以携带混凝土布料机一起爬升。钢筋混凝土施工中塔式起重机配合时间大大减少，提高了工效，降低了设备投入。

2）施工安全性好。液压自动爬升模板系统始终附着在结构墙体上，工作状态能够抵御速度达 100km/h 的风力作用，非工作状态能够抵御速度达 200km/h 的风力作用；提升和附墙点始终在系统重心以上，倾覆问题得以避免。爬升作业完全自动化，作业面上施工人员极少，安全风险大大降低。

3）施工组织简单。与液压滑升模板施工工艺相比，液压自动爬升模板施工工艺的工序关系清晰，衔接要求比较低，因此施工组织相对简单。特别是采用单元模块化设计，可以任意组合，以利于小流水施工，有利于材料、人员均衡组织。

所谓滑模是指浇筑过程中，在混凝土还未凝固时，就不断地提升或移动模板，模板和浇筑的混凝土之间相对滑动。爬模是指浇筑的混凝土凝固后，脱模再提升模板，模板和浇筑的混凝土之间没有相对运动。

4）结构质量容易保证。它与大模板一样，是逐层分块安装的，故其垂直度和平整度易于调整和控制，可避免施工误差的积累。同时混凝土养护达到一定强度后再拆除模板，避免了液压滑升模板工艺极易出现的结构表面拉裂现象。

5）标准化程度高。液压自动爬升模板系统许多组成部分，如爬升机械系统、液压动力系统、自动控制系统都是标准化定型产品，甚至操作平台系统的许多构件都可以标准化，通用性强，周转利用率高，因此具有良好的经济性。

但是液压自动爬升模板工程技术也存在一定缺点：

1）整体性比较差，承载力比较低。模板系统多为模块式，模块之间采用柔性连接，整体性比较差。模板系统外附在剪力墙上，承载力比较低，材料堆放控制严格。

2）系统比较复杂，一次投入比较大。液压自动爬升模板系统采用了先进的液压、机械和自动控制技术，系统比较复杂，造价比较高，一次投入比较大，因此必须探索合理承包模式，降低项目成本压力，才能顺利推广。

# 2.3　系统组成和工作原理

液压自动爬升模板系统是一个复杂的系统，集机械、液压、自动控制等技术于一体，主要由模板系统、操作平台系统、爬升机械系统、液压动力系统和自动控制系统五大部分构成。如图 2-4 所示。

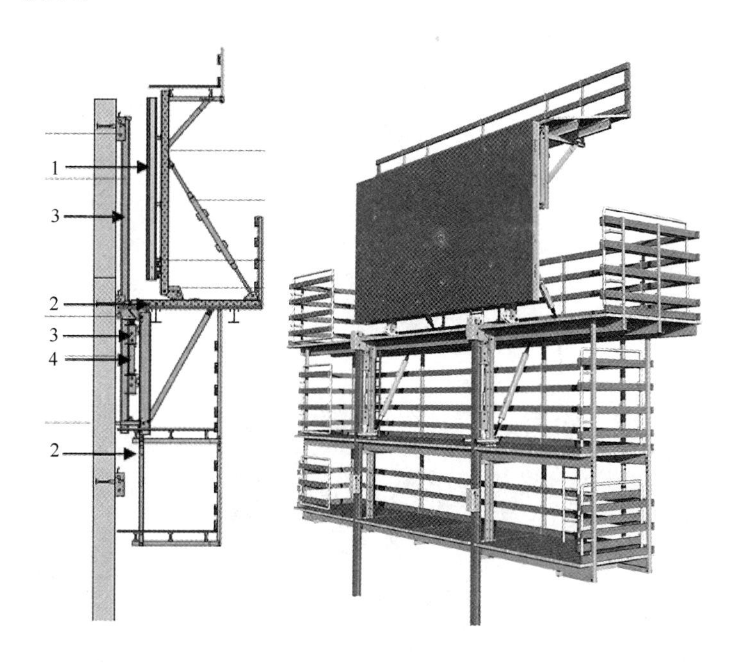


图 2-4　液压自动爬升模板系统组成

1—模板系统；2—操作平台系统；3—爬升机械系统；4—液压动力系统

液压自动爬升模板系统必须先用传统方法施工一定高度的混凝土结构，才能安装爬模系统。下面以爬模的施工工程为顺序，介绍爬模系统的组成和工作原理。

## 2.3.1　承重系统

承重系统是液压爬模系统的承力构件。其上部支撑模板、模板支架及外上爬架等构成工作平台，下部悬挂作业平台。整个系统的重量通过扶墙机构固定在已完成并达到设计强度的混凝土结构上。如图 2-5 所示。

1）附墙机构

附墙机构的主要功能是将爬模系统的所有荷载传递给满足强度要求的混凝土结构，使爬模始终附着在结构上，实现持久安全。主要由锚固装置和附墙靴两部分构成。锚固装置由锚锥、锚板、锚靴、爬头组成。锚锥预埋在混凝土结构中，是整个爬模系统在已浇结构中的承力点。锚锥由锚筋、锥形螺母及外包塑料套、高强螺栓等组成。如图 2-6 所示。

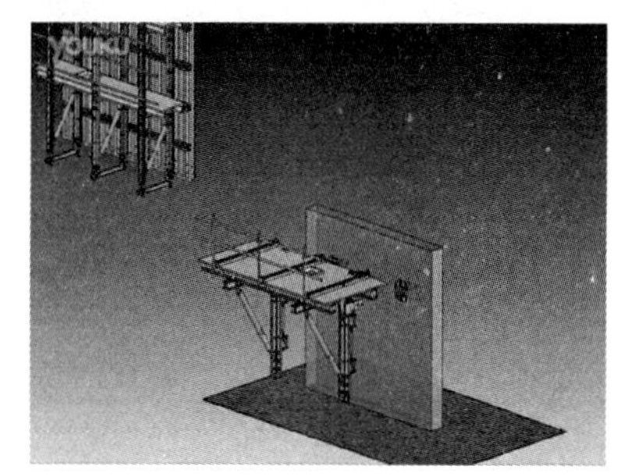

图 2-5　承重系统

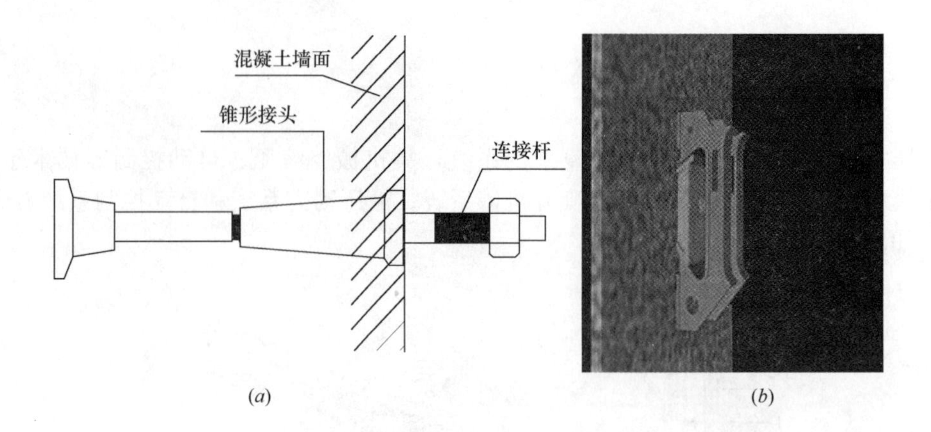


图 2-6　附墙机构

(a) 示意图；(b) 实物图

2）承重架

(1) 承重架的组装过程如图 2-7 所示。

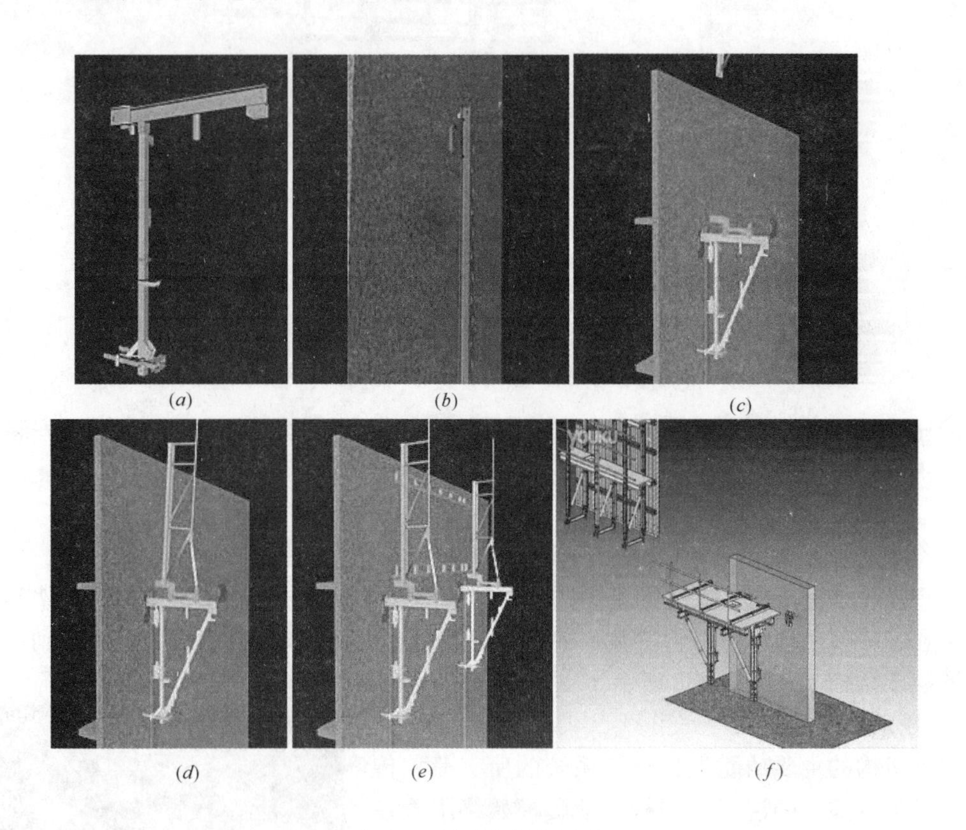


图 2-7　承重架组装过程

(a) 地面安装承重架底座和直杆；(b) 将导轨穿入并挂在扶墙上；(c) 承重架底座与导轨固定；(d) 安装模板支架；(e) 安装另一承重架底座；(f) 将两底座用型钢连接，铺板

(2) 爬锥的拆除过程

爬锥的拆除过程如图 2-8 所示。

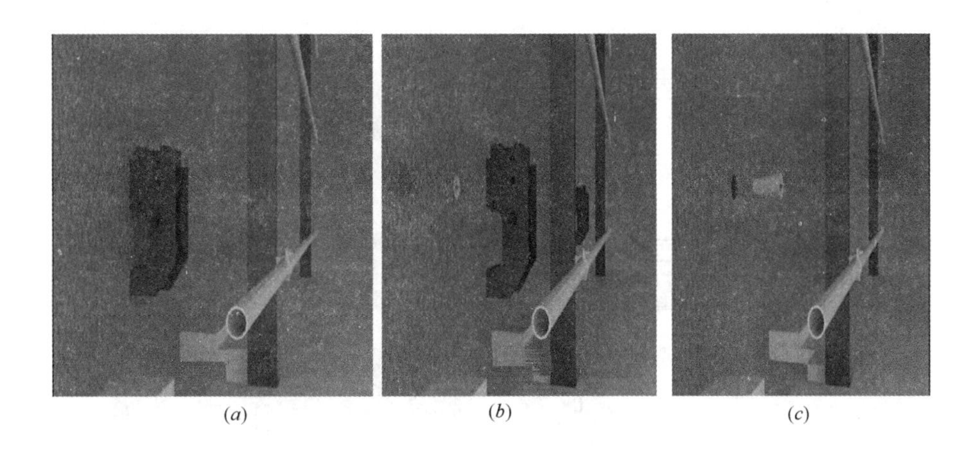

图 2-8　爬锥拆除过程

(*a*) 拆除导轨挂锥；(*b*) 卸掉高强螺栓，拆除锚靴；(*c*) 拆除预埋锚锥备用

### 2.3.2　模板系统

1）模板系统

模板安装在模板支架上，支架底座与承重架相连接。如图 2-9 所示。

图 2-9　模板支架与承重架

模板多采用大模板，根据材料不同，分为钢模板和木模板。钢模板经久耐用，回收价值高，我国应用比较广泛。但是钢模板质量重，达到 120kg/m$^2$左右，装拆不方便。木模板质量轻，一般在 35kg/m$^2$左右，不但方便模板装拆，而且减轻了液压动力系统的负荷，国外多采用木模板。

2）模板横向移动装置

模板横向移动装置的主要作用是方便模板装拆，降低工人劳动强度，减少塔式起重机配合工作量。模板横向移动装置有以下两种类型：

（1）在模板支架底座上设置移动导轨，利用齿轮齿条机构（见图 2-10）使模板支架产生横向移动，以完成脱模和支模的动作，实现模板横向移动。机械化程度比较高，但所需操作空间比较大，因此多应用于结构外模工程中。

（2）在混凝土工程作业平台下部设置导轨，模板通过滑轮悬挂在导轨上，利用人工完

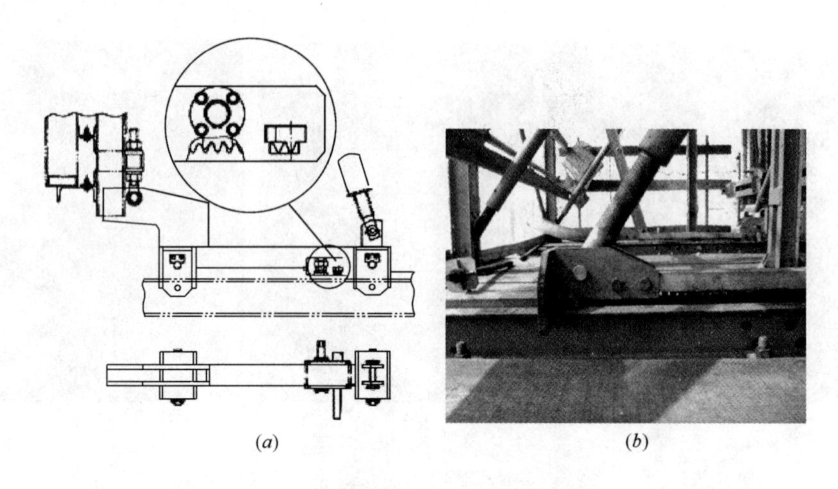
(a)　(b)

图 2-10　横向移动齿轮齿条机构
(a) 示意图；(b) 实物图

成模板的横向移动。机械化程度相对较低，但是结构比较简单，所需操作空间小，因此多应用于结构内模工程中，如图 2-11 所示。

3）模板纵向倾角的调节系统

模板支架的底座与支架采用铰接，支架与底座间可通过支架斜撑上的螺纹调节斜撑的长度，从而实现模板倾角的调整，进行变截面的施工。如图 2-12 所示。

图 2-11　导轨式横向移动装置

图 2-12　通过斜撑调节模板倾角

### 2.3.3　操作平台系统

操作平台系统搭设在承重架上，主要功能是将钢筋工程与模板工程的作业平台设置为相互独立的工序操作空间，最大限度实现流水作业。图 2-13 为四平台结构形式的操作平台系统。

承重架下挂架构成两层平台，分别为液压爬升操作平台和混凝土修整平台。模板支架上搭设两层平台，分别为模板安装和钢筋安装操作平台。平台之间通过安全爬梯相连，供施工人员上下通行。

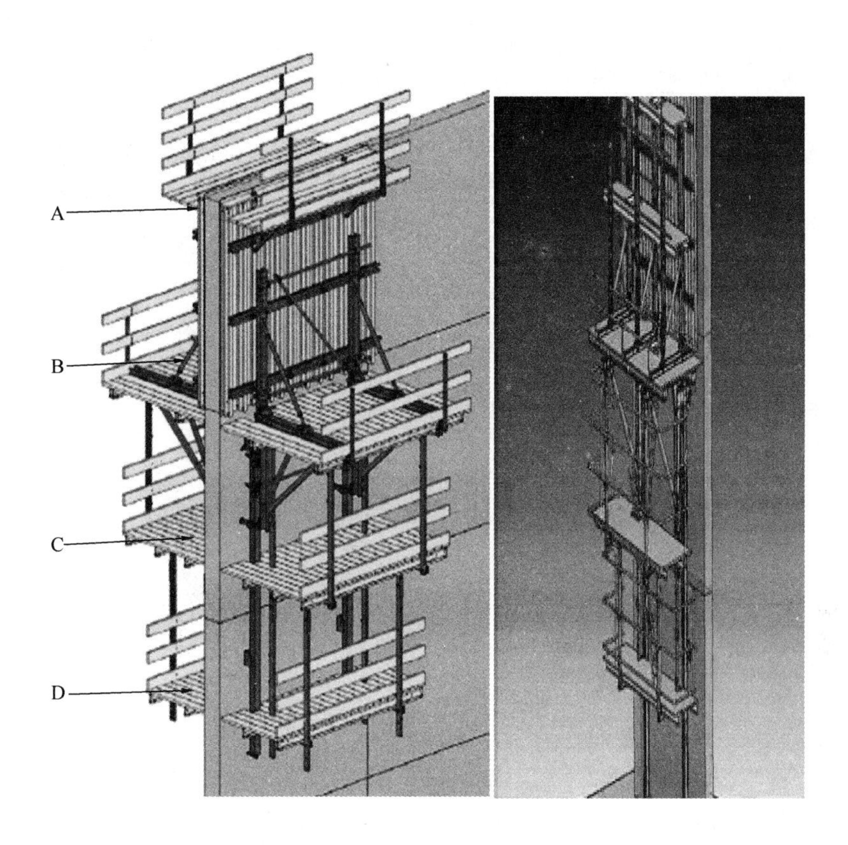


图 2-13　四平台结构形式的操作平台系统

A—钢筋工程作业平台；B—模板工程作业平台、混凝土工程作业平台；C—系统爬升作业平台；D—混凝土表面修补等平台

在混凝土凝固期间，A 平台可以进行钢筋工程施工，D 平台可以对上次浇筑的混凝土表面进行修整，凝固期满后脱模、爬模完成一个周期的流水作业施工。

## 2.3.4　爬升机械系统

爬升机械系统是整个液压自动爬升模板系统的核心子系统之一，由附墙机构、爬升机构及承重架 3 部分组成，如图 2-14 所示。

液压自动爬升模板的爬升过程如下：

1）混凝土达到强度后，拆除模板固定装置。将模板系统横移以便系统爬升。如图 2-15 所示。

2）在刚浇筑好的混凝土上安装爬锥，此时的导轨穿过承重架和下面的爬锥。如图 2-16 所示。

3）松开导轨固定装置和尾撑，此时液压油缸一端固定在承重架上，另一端与导轨相连。在液压油缸的作用下爬升导轨。如图 2-17 所示。

4）导轨爬升到位后挂在上部的爬锥上并固定。如图 2-18 所示。

5）拆除承重架安全销，在液压油缸的作用下承重架挂钩脱离爬锥，开始沿导轨缓慢上升。如图 2-19 所示。

图 2-14　爬升机械系统组成

(a) 示意图；(b) 实物图

A—附墙靴；B—爬升导轨；C—承重架；D—安全插销；E—悬挂插销；
F—上提升机构；G—液压千斤顶；H—下提升机构；I—支撑架

图 2-15　拆除模板固定装置

图 2-16　安装爬锥

图 2-17　爬升导轨

图 2-18　导轨爬升到位后挂在上部爬锥上并固定

6）爬升到位后，在爬锥上插入承重销，承重架缓慢下降挂在承重销上，插入安全销完成爬升过程。如图 2-20 所示。

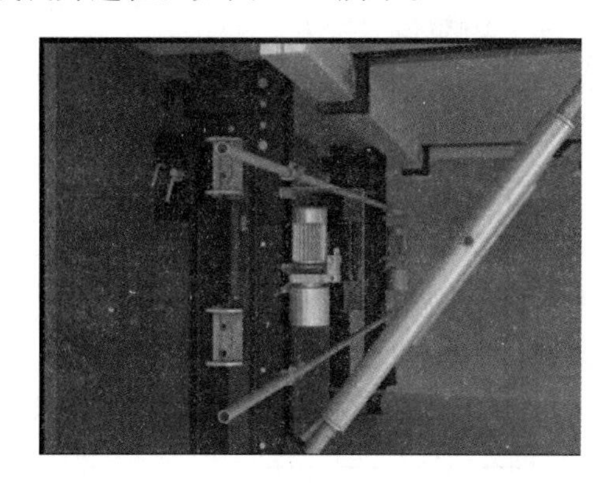

图 2-19　拆除承重架安全销

图 2-20　插入安全销

### 2.3.5　液压动力系统

液压动力系统主要功能是实现电能→液压能→机械能的转换，驱动爬模上升，一般由电动泵站、液压千斤顶、磁控阀、液控单向阀、节流阀、溢流阀、油管及快速接头与其他配件组成，其中关键是千斤顶和电动泵站必须耐用、小巧，特别是要具有双作用功能（千斤顶伸、缩缸时均能带载）。

### 2.3.6　自动控制系统

自动控制系统具有以下功能：（1）控制液压千斤顶进行同步爬升作业；（2）控制爬升过程中各爬升点与基准点的高度偏差不超过设定值；（3）供操作人员对爬升作业进行监视，包括信号显示和图形显示；（4）供操作人员设定或调整控制参数。自动控制系统采用总控、分控、单控等多种爬升控制方式：（1）总控：在总控箱上控制所有爬升单元，爬升时对各点高度偏差进行控制；（2）分控：在总控箱上控制部分爬升单元，其他单元不动作，爬升时对各点高度偏差不做控制；（3）单控：用单控箱控制一个爬升单元，该单元独立于系统其他单元。

## 2.4　关键技术

### 2.4.1　倾斜爬升技术

液压自动爬升模板系统结构立面适用性强，能够实现俯爬、仰爬和曲线爬升，满足倾斜、弧形结构施工需要，爬升过程中能够自如地调整系统倾角，最大倾角可达 25°（见图 2-21）。液压自动爬升模板系统具备倾斜爬升功能，关键是拥有轨道导向，系统始终是沿着轨道爬升的，因此只要调节轨道安装倾角，即可保证液压自动爬升模板系统按照施工需要的姿态爬升。

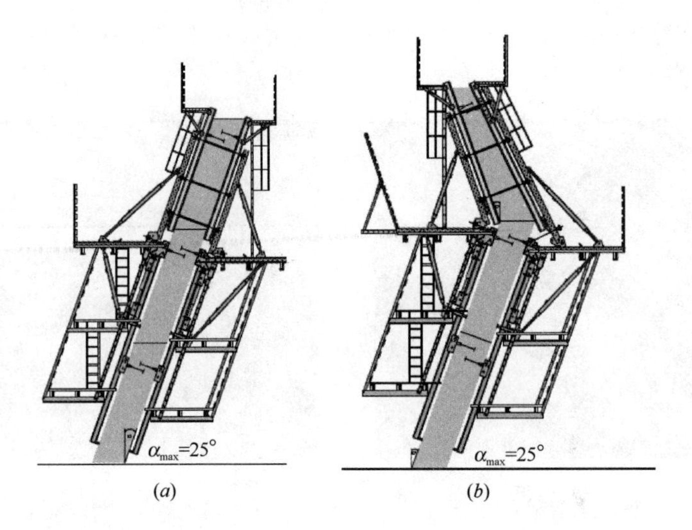


图 2-21 液压自动爬升模板系统倾斜爬升

## 2.4.2 截面收分技术

超高层建筑结构收分是模板工程中经常遇到的技术问题，液压自动爬升模板系统利用轨道导向功能可以比较容易解决，即反复调整轨道的安装倾角，实现系统整体由外向内移位，一般通过两个流水段的施工即可完成一次结构收分。如图 2-22 所示。

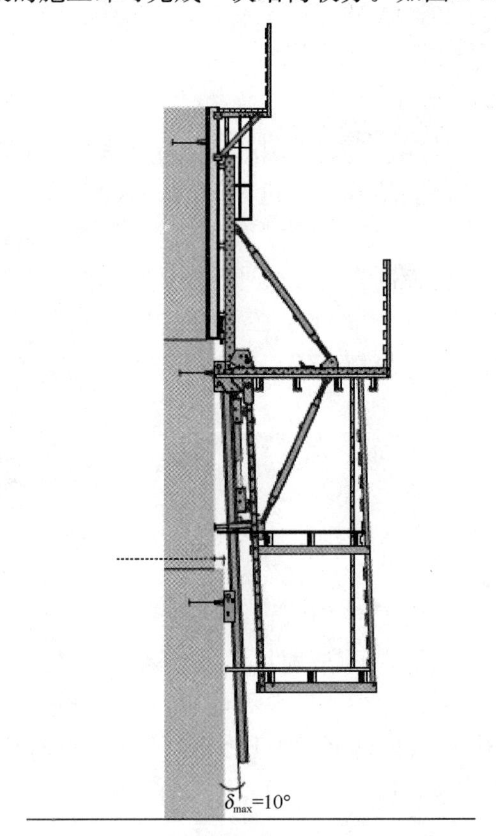


图 2-22 液压自动爬升模板工程系统的收分装置

# 2.5　工程应用

## 2.5.1　上海环球金融中心

### 1. 工程概况

上海环球金融中心结构体系及结构平面分别如图 2-23、图 2-24 所示。

上海环球金融中心地下 3 层，地上 101 层，总高度达 492m，总建筑面积约 38 万 $m^2$。为抵抗来自风和地震的侧向荷载，大楼采用以下三部分构成的抗侧力结构体系：(1) 由巨

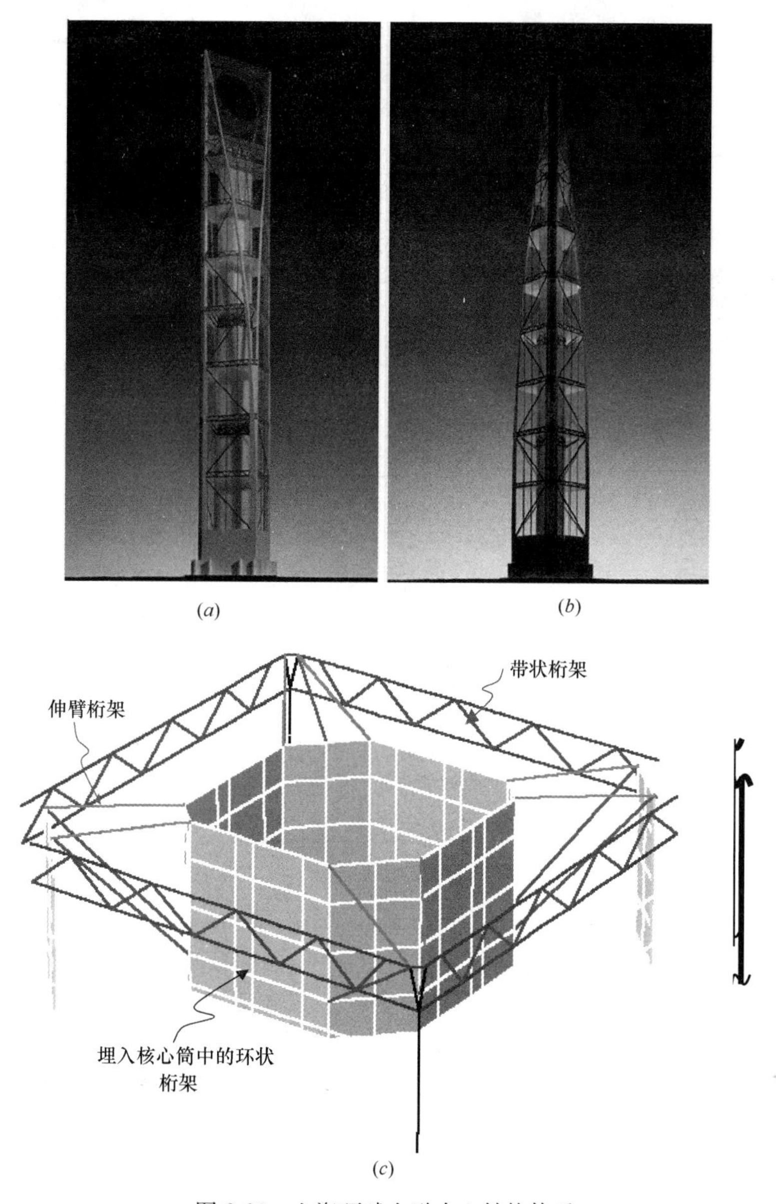


(*a*)　(*b*)

(*c*)

图 2-23　上海环球金融中心结构体系

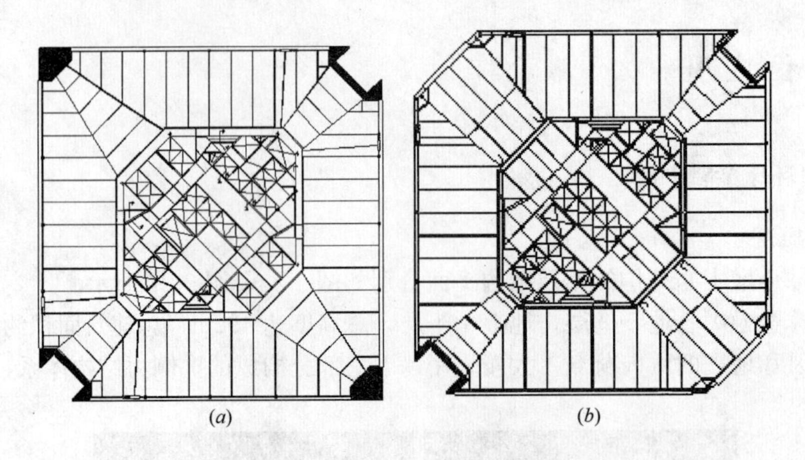


图 2-24 上海环球金融中心结构平面
(a) 二十层平面；(b) 五十六层平面

型柱（主要的结构柱）、巨型斜撑（主要的斜撑）和带状桁架构成的巨型结构；（2）钢筋混凝土核心筒；（3）构成核心筒和巨型结构柱之间相互作用的伸臂桁架。巨型柱为劲性钢筋混凝土结构，位于外围四角，分为A型柱和B型柱两类。A型柱位于主楼的东北角和西南角，平面为梭子形，对角线长达12.2m，宽5.6m，沿高度方向保持垂直不变，其平面随高度的增加而不断变化。A型柱从基础底板延伸至101FL，总高度达492m。B型柱位于主楼的东南角和西北角，为边长5.25m的正方形，1～19FL保持垂直，从19FL开始向内侧倾斜，并在43FL开始分叉为2根巨型柱，分别沿平行于建筑的外围轴线向所对应的A型柱靠拢，并一直延伸到91FL，总高度达398m。巨型柱模板系统必须具有很强的结构立面适用性，能够满足巨型柱倾斜、分叉等立面变化需要。

**2. 施工工艺**

根据该工程巨型柱的特点和难点，采用了液压自动爬升模板工艺结合常规散模拼装工艺施工。巨型柱结构与楼盖水平结构采用一次浇捣的施工方案，由于楼盖水平结构阻挡，巨型柱内侧模板不能采用液压自动爬升模板工艺施工，所以采用了常规散模拼装工艺施工。外侧模板则采用液压自动爬升模板系统。同时根据外侧模板所设计的对拉螺栓间距，确定内侧模板木方竖向内肋及围檩间距。液压自动爬升模板标准施工工艺流程如下：

1）预埋锚固装置后浇捣混凝土，待混凝土达到C10强度时拆模，模板后退约70cm，准备安装爬升靴。

2）将爬升靴固定在锚固装置上，通过人工操作控制面板、液压驱动进行导轨爬升，使其上部与爬升靴连接固定，进行受力转换，形成爬升导向装置。

3）利用液压装置驱动，使爬架通过爬升导向装置爬升至上部预定位置，完成爬架爬升，将爬架固定在爬升靴上，进行受力转换。

4）在爬架主操作平台上，绑扎钢筋，预埋锚固装置，通过导向装置前移模板，进行支模施工。模板工程完成后，浇捣混凝土，进入下一个流水段施工。

**3. 系统设计**

液压自动爬升模板系统采用德国技术进口组装，其自动爬架采用DOKA SKE50体系，大模板采用 DOKA TOP50 体系。DOKA TOP50 体系由 DOKA H20 eco 木工字梁、WS10 钢围檩、21mm 厚双面覆膜芬兰胶合板及 $\varphi$15mm 对拉钢筋组成。DOKA SKE50 体系由悬挂爬升靴、爬升导轨、爬升挂架、多个操作脚手平台、液压油缸等组成。

1）设计参数

浇捣标准高度：420cm；

最大允许侧压力：50kN/m$^2$；

设计风荷载：250kN/h；

设计荷载：模板及爬架结构自重、工作平台活荷载；

验算工况：模板系统爬升工况和模板系统非爬升工况。

2）技术参数

提升能力：50kN；

浇捣高度：2.0～5.5m；

爬升速度：5min/m；

爬架影响宽度：大约 4m；

倾斜度：+/−15°；

动力：液压；

适合模板系统：大面积模板 TOP50。

**4. 施工方案**

1）A 型柱

A 型柱 8～43FL 外侧脚手模板分为 3 个独立区域，每个独立区域作为一个爬升单元。A1 和 A2 区域各由 3 套 SKE50 爬架组成，A3 区域由 4 套 SKE50 爬架组成，如图 2-25 所示。A 型柱 43～95FL 柱断面发生变化，逐渐将 A1 和 A2 区域 SKE50 爬架改由 2 套组成，如图 2-26 所示，操作平台作相应调整。A 型柱 95～99FL 因体形变化，A3 区域 SKE50 爬架拆除后调整安装至 A4 区域，A1 和 A2 区域操作平台边角作相应调整，如图 2-27 所示。

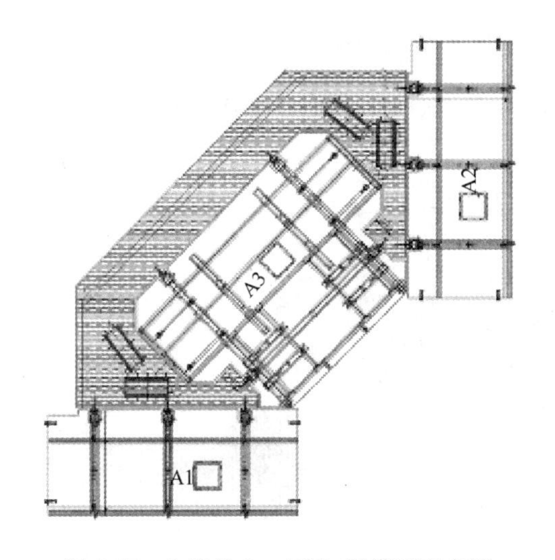


图 2-25　A 型柱 8～43FL 爬模平面布置

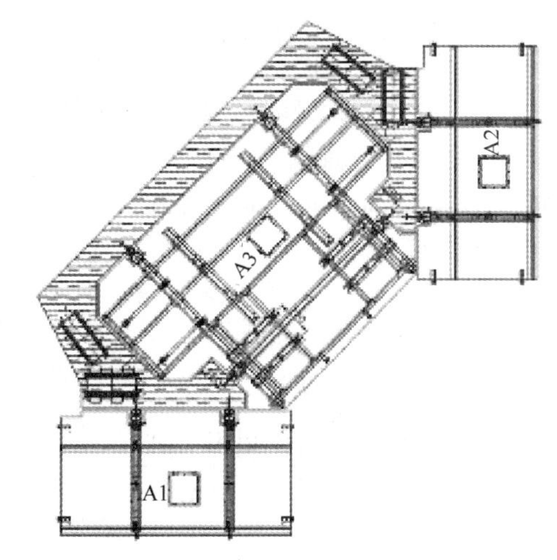


图 2-26　A 型柱 43～95FL 爬模平面布置

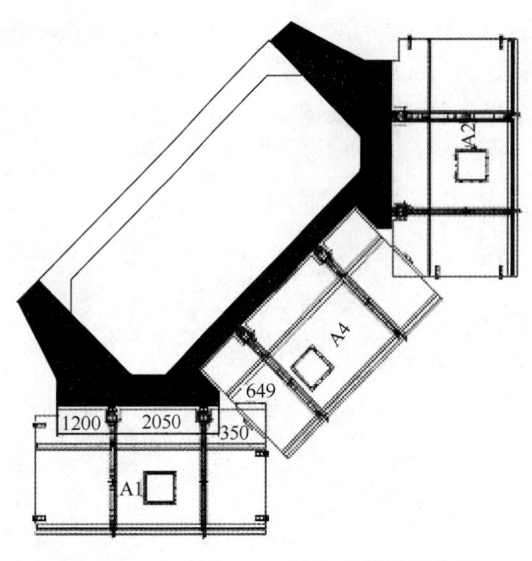


图 2-27 A 型柱 95～99FL 爬模平面布置

2）B 型柱

B 型柱从 19FL 开始倾斜，在 43FL 处开始分叉，立面变化频繁，液压自动爬升模板系统平面布置需要不断调整。

（1）B 型柱 8～19FL 外侧脚手模板分为 2 个独立区域，每个独立区域作为一个爬升单元，B1 和 B2 区域各布置 2 套 SKE50 爬架，如图 2-28 所示。

（2）B 型柱外角在 19～30FL 区段，开始向内倾斜，断面也发生相应的变化，此时 B 型柱外侧由 2 个面变为 3 个面，其中 2 个面仍保持垂直状态，新增面为倾斜面。随着高度增加，B1、B2 区域交界处间隙逐渐增大，此时采用铺设过渡板的方法，以形成新的操作平台，来满足倾斜面模板施工需要，如图 2-29 所示。

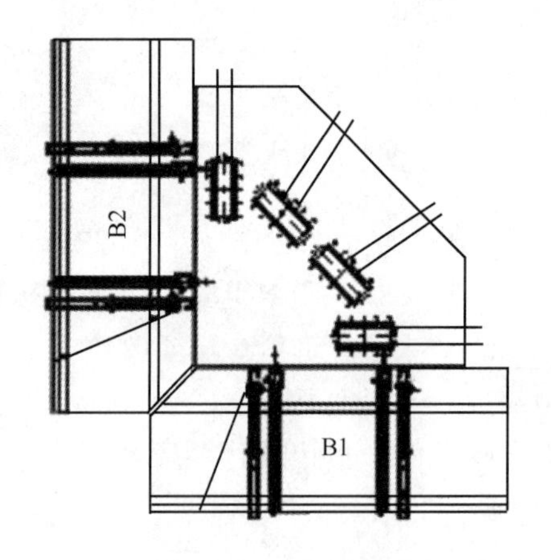


图 2-28 B 型柱 8～19FL 爬模平面布置

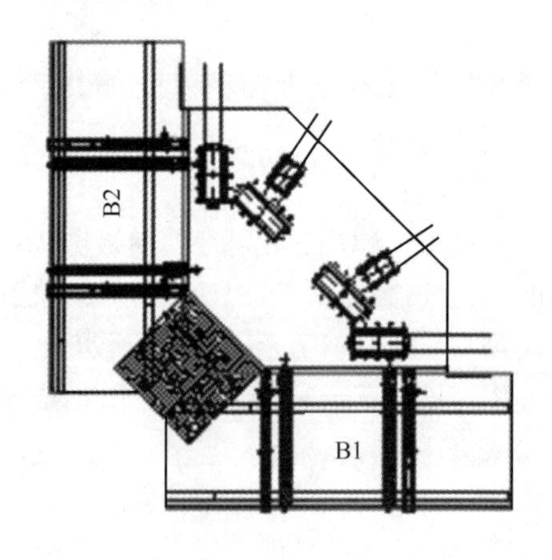


图 2-29 B 型柱 19～30FL 爬模平面布置

（3）B 型柱施工至 30FL 时，在倾斜面增加 2 套 SKE50 爬架，形成 B3 区域，对 B1、B2 区域边角作相应调整。B3 区域两端与 B1、B2 区域交界处间隙逐渐增大，也采用铺设过渡板的方法，如图 2-30 所示。

（4）B 型柱施工至 38FL 时，将 B3 区域原 2 套 SKE50 爬架拆除，重新安装 3 套 SKE50 爬架，形成 B4 区域。B4 区域两端与 B1、B2 区域交界处间隙逐渐增大，仍采用铺设过渡板的方法，如图 2-31 所示。

（5）B 型柱施工至 43FL 时，开始分叉，由 1 根变为 2 根，其倾斜面也变为 2 个相互独立的倾斜面，拆除原 B4 区域的 3 套 SKE50 爬架，在 2 个独立的

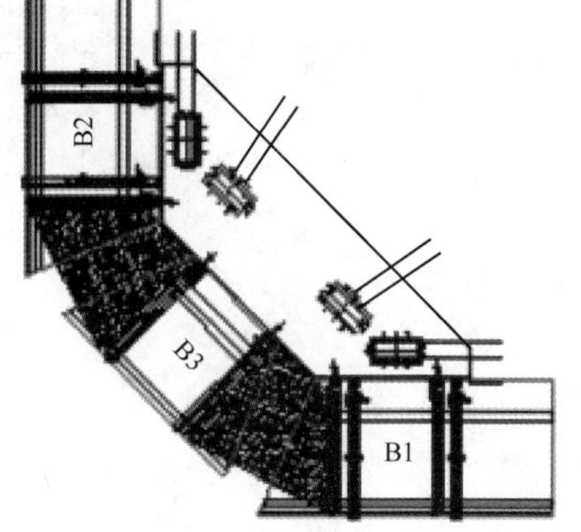


图 2-30 B 型柱 31～38FL 爬模平面布置

倾斜面上各重新安装 2 套 SKE50 爬架，形成 B5、B6 区域，如图 2-32 所示。

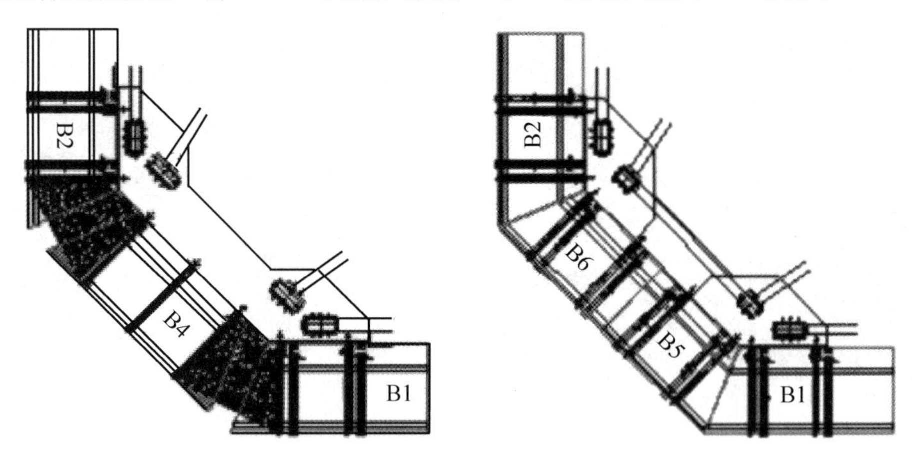


图 2-31　B 型柱 39～43FL 爬模平面布置　　图 2-32　B 型柱 43FL 爬模平面布置

**5. 关键技术**

液压自动爬升模板系统在 B 型柱倾斜爬升有两种情况：一是垂直外立面上的倾斜爬升，二是倾斜立面上的倾斜爬升。在两种爬升工况下都是通过调整导轨姿态来实现倾斜爬升的。B 型柱外侧模板体系在垂直立面上倾斜爬升时，导轨与操作平台形成倾角。随巨型柱高度增加，分阶段利用特制爬升靴变化爬升角度，从而调整倾角。通过不断调整调节撑杆，使液压爬升模板体系的操作平台始终保持水平。B 型柱外侧模板体系在倾斜立面上倾斜爬升时，爬升轨道倾角必须逐步变化，以满足斜面变化的需要。如图 2-33 所示。

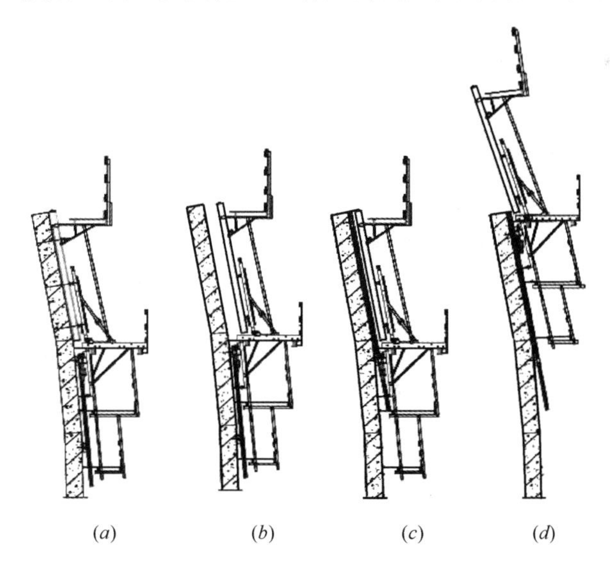


图 2-33　倾斜爬升工艺原理图

**6. 实施效果**

上海环球金融中心采用 DOKA 液压自动爬升模板系统，成功解决了复杂体型竖向结构截面及位置不断变化的难题，不仅保证了工程质量，还加快了施工速度，其施工速度一般达到了 4d 施工一层，最快时达到了 3d 施工一层。A 型柱和 B 型柱施工实景分别如图

2-34、图 2-35 所示。

图 2-34 A 型柱施工实景

图 2-35 B 型柱施工实景

## 2.5.2 广州珠江城

### 1. 工程概况

广州珠江城塔楼地下 5 层，地上 71 层，高 310m，主体结构采用带端部支撑的框架—核心筒体系，核心筒为钢筋混凝土剪力墙结构，内设劲性结构。外框架由型钢混凝土巨型角柱、组合型钢外围柱、端部斜支撑和楼层钢梁组成。外围柱通过两道外伸桁架和带状桁架与核心筒及巨型角柱相连，提高了结构抗侧刚度。核心筒平面形状为矩形，由内剪力墙分割成 4 个小矩形。具体设计情况如图 2-36 所示。

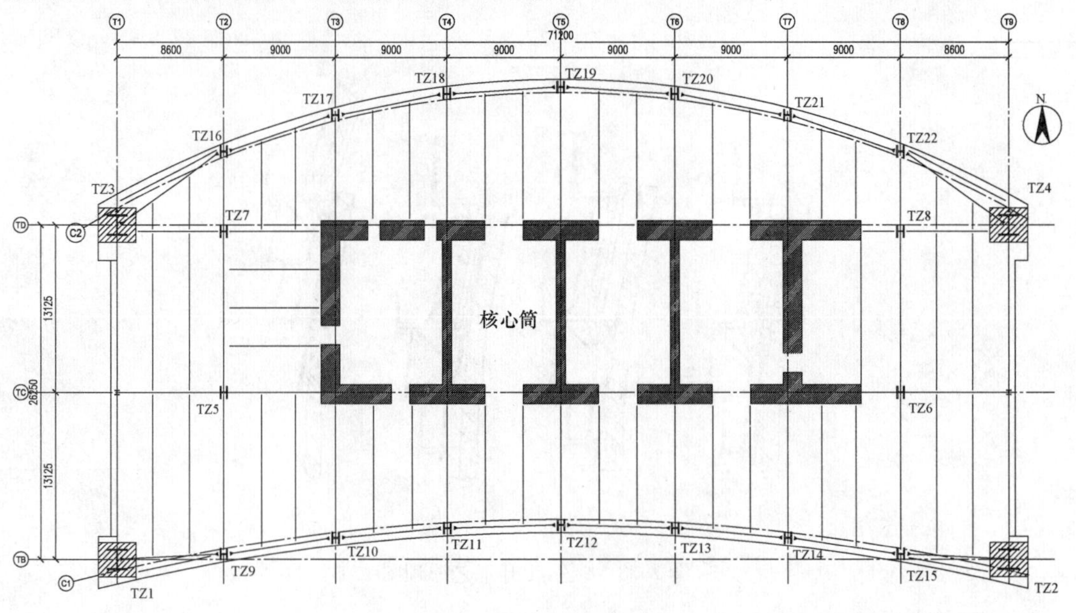


图 2-36 广州珠江城塔楼结构平面图

### 2. 施工工艺

根据超高层建筑施工总体工艺流程的特点，液压自动爬升模板系统实现了四步法施工工艺：

1）绑扎钢筋：在混凝土浇捣完成后，即开始绑扎钢筋，不需另行搭设绑筋操作架（在绑扎钢筋过程中同步开展拆除模板、安装导轨附墙装置、爬升导轨等工作）。

2）系统爬升：在液压自动控制系统作用下，爬模系统爬升到下一施工段高度。

3）模板安装：外推模板，并安装固定就位。

4）混凝土浇捣：经质量验收之后，浇捣混凝土，即进入下一个施工流程。

**3. 系统设计**

根据结构层高和施工工艺，设计了总高度约 15.3m 的外爬升模架和内顶升平台。液压自动爬升模板系统是一个复杂的系统，集机械、液压、自动控制等技术于一体，其中模架结构主要由操作平台系统、模板系统、爬升机械系统、液压动力系统和自动控制系统五大部分构成，如图 2-37 所示。设计参数如下：

1）堆载控制

每个外爬升模架每作业层分为两层，每层 $3kN/m^2$，集中堆载小于 3t；每个内顶升平台可提供堆载 10t。

2）风荷载控制

液压爬模在爬升状态时，控制风荷载在 6 级（包括 6 级）风范围内；在施工工作状态中，控制风荷载在 8 级（包括 8 级）风范围内；如遇到大于 10 级风状况时，应采用临时拉杆将爬模同建筑物结构进行拉结。

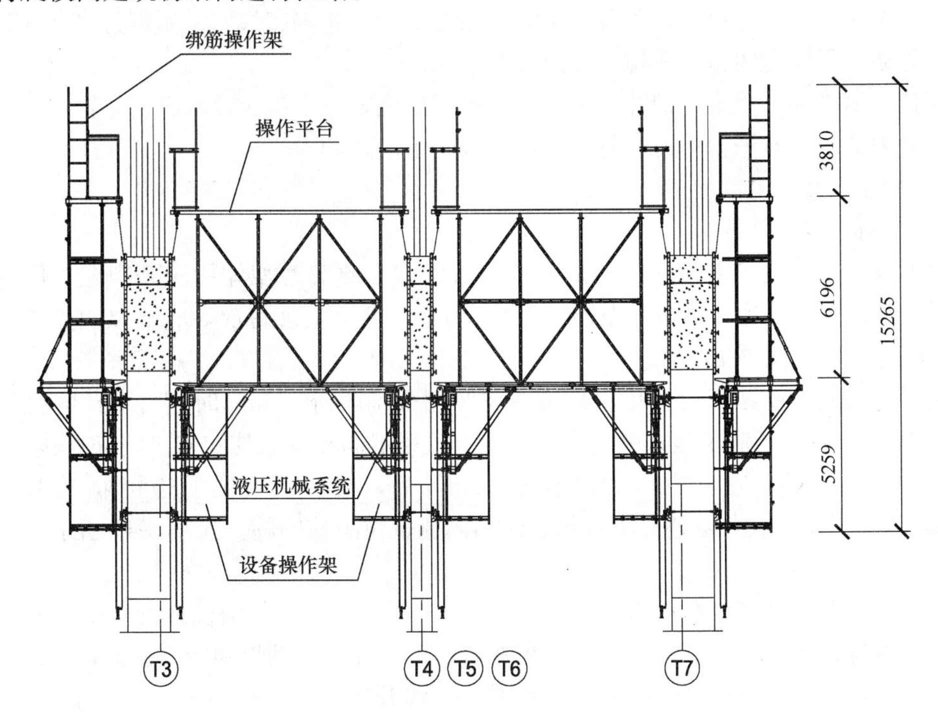


图 2-37　液压自动爬升模板系统构成图

**4. 施工方案**

根据施工进度的要求，液压爬模提前在非标层（四层）开始组装。爬模架体高度方向分成三段拼装架体，一般在地面组拼，利用塔式起重机以单元为吊装段，然后依次进行三脚架的挂装，模板操作层、绑筋操作层和液压动力系统的安装以及周边安全围护的搭设等。如图 2-38 所示。

(a)　(b)

图 2-38　广州珠江城液压爬模系统现场组装情况

根据广州珠江城核心筒的结构特点，在模架的单元划分、机位的布置上，首先要满足外伸桁架吊装后，仍能保证液压爬架能正常连续施工，故在平面布置上充分考虑了主塔楼核心筒和剪力墙轴线 T3～T7 位置有固结钢牛腿伸出，把核心筒外墙液压爬模划分为 15 个爬升模架单元，每个单元布置有 2 组液压顶升动力。相邻爬模间采用搁置可翻转走道板的形式连通，形成封闭施工环境。如图 2-39 所示。

在核心筒内部，确定电梯井前室混凝土楼层后浇，根据施工要求有大量钢筋堆载，故确定划分为 8 个顶升平台单元，每组平台配置 4 组液压动力。

**5. 关键技术**

1）截面收分处理技术

截面收分斜爬技术主要解决的是遇到剪力墙截面收分时架体的爬升问题。使用该技术，外架可以实现每次 200mm 以内的收分，内平台可以实现每次 50mm 以内的双侧剪力墙同时收分。详见图 2-40。

由于剪力墙内墙截面的变化，其墙体在两侧分别收分 50mm 时，内平台的机位间距将增大 100mm。为了满足这样的变化，在承重主梁上同支撑立柱和支撑斜杆连接节点处，设置可滑移腰形槽，这样在剪力墙收分 50mm 后，机位同大梁的连接处可相应滑移 50mm，解决了内墙收分给整体平台带来的不同侧机位滑移问题。如图 2-41 所示。

2）穿越桁架层施工技术

由于广州珠江城塔楼在 L23～L27 层和 L49～L53 层之间分别设有外伸桁架和带状桁架，在液压自动爬升模板系统设计时，在外伸桁架区域设置翻板和转门围护，在设备层可打开，收起相邻两组爬架之间的翻板，分别独立爬升穿越桁架设备层，简化了施工流程，提高了施工效率。如图 2-42 所示。

**6. 实施效果**

液压爬模使用初期达到 4～5d/层的施工速度。由于各工种配合流畅熟练，从施工至 39 层开始，核心筒液压爬模施工工期达到了 2d/层。施工流程如图 2-43 所示。

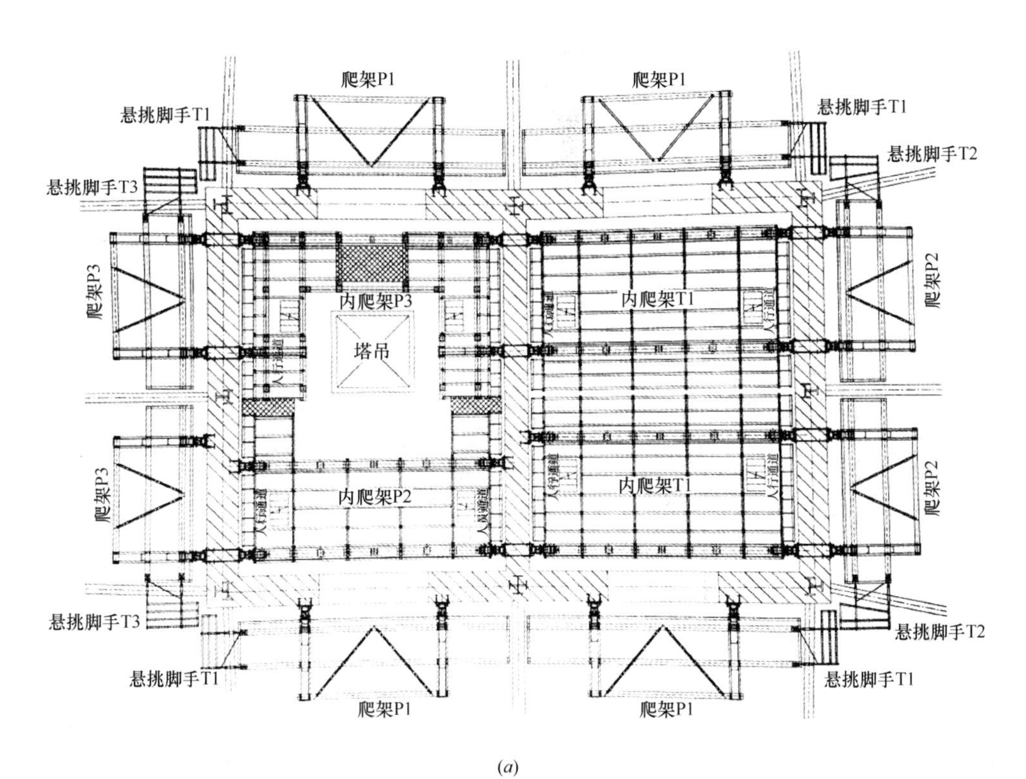


(*a*)

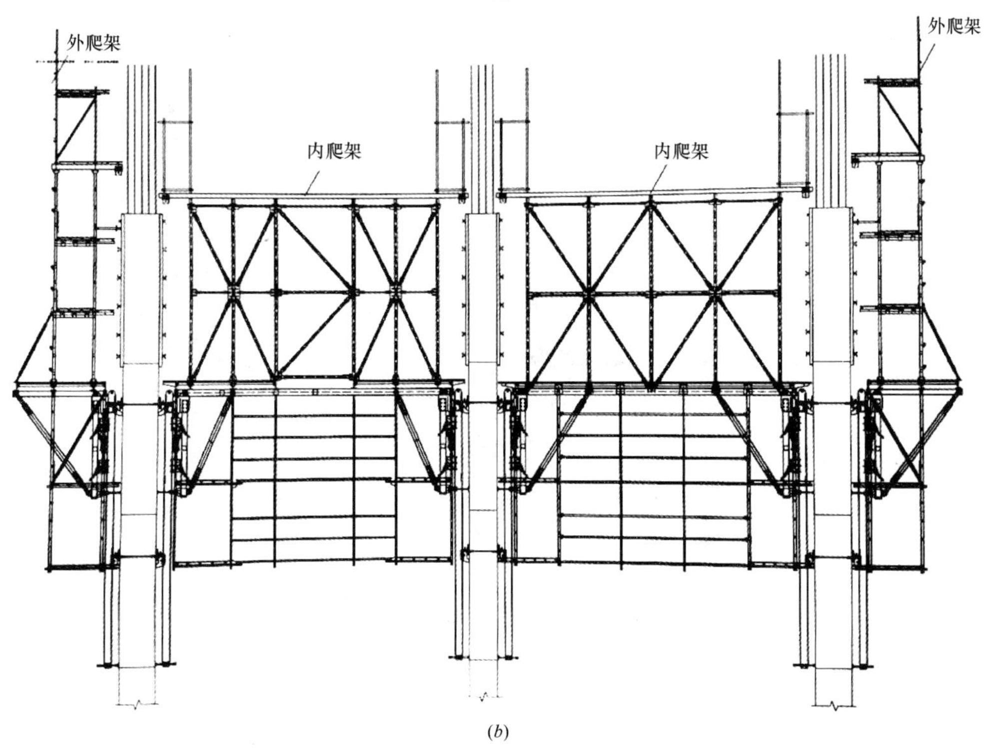


(*b*)

图 2-39　核心筒液压爬模平面布置图

(*a*) 液压爬模平面布置图；(*b*) 液压爬模剖面图

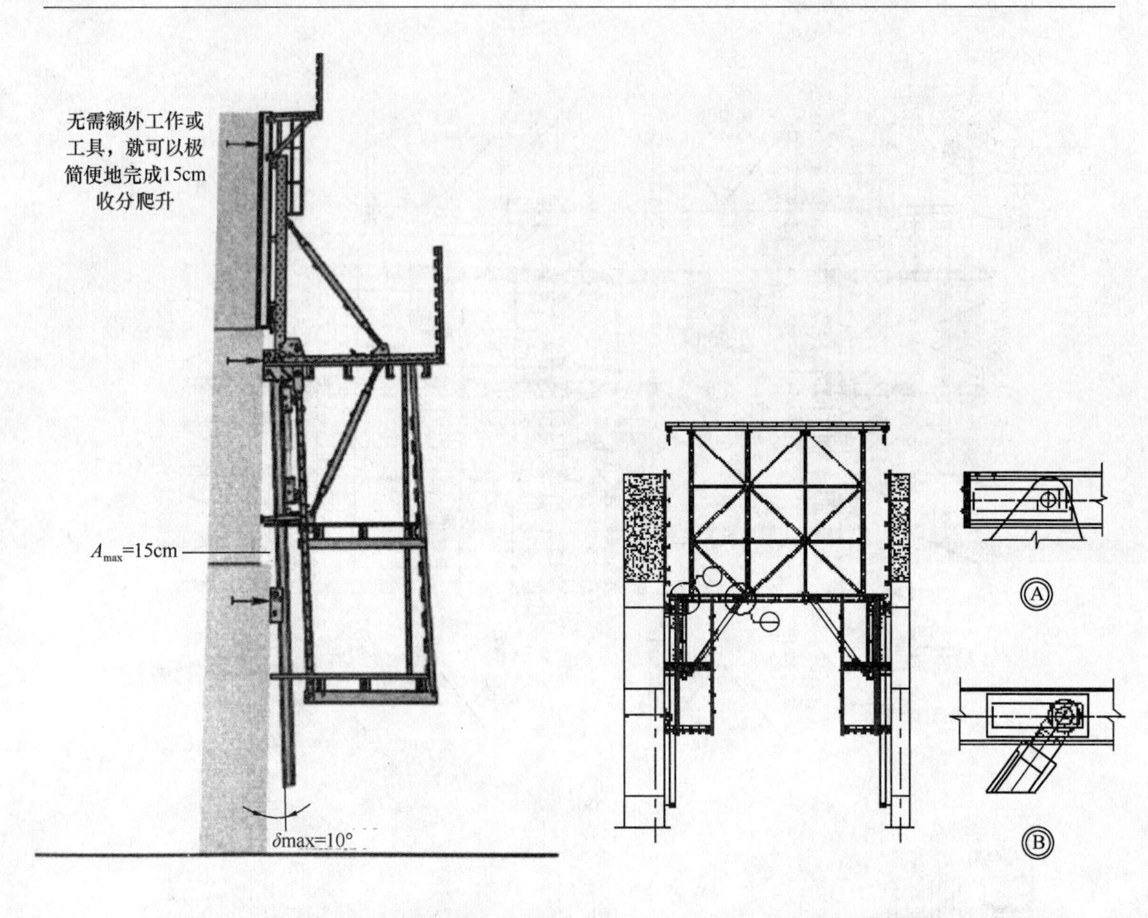


图 2-40　液压自动爬升模板工程系统的收分装置　　图 2-41　内顶升平台滑移构造

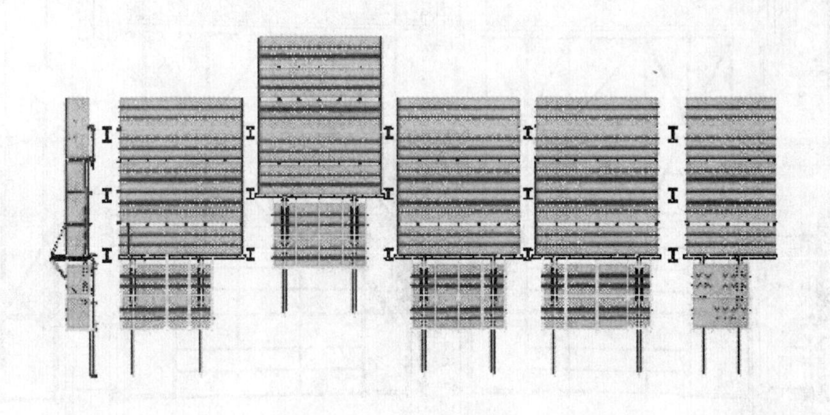

图 2-42　爬模悬挑操作架跨越钢梁施工工艺流程

从图 2-43 可以看出，钢筋绑扎工序可以与拆模板、平台固定、安装附墙靴、升导轨充分搭接完成，实际占用绝对工期 1d 5h；第二步工序系统爬升与第三步工序模板安装组合分片完成，占用 19h 绝对工期；第四步混凝土浇捣可以与部分核心筒区段下一流程的第一步钢筋绑扎同步进行。这样实际核心筒爬模施工工期达到了 2d/层的快速高效的施工速度。

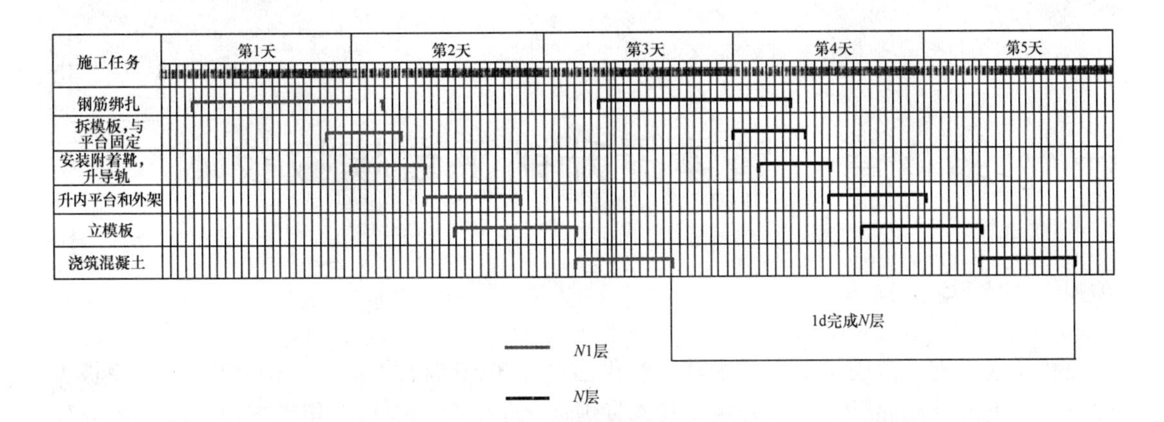


图 2-43　广州珠江城施工流程进度横道图

## 思　考　题

1. 何为液压爬模，液压爬模的优缺点有哪些？

2. 液压爬模的操作平台分几层，各层的主要功能是什么？

3. 何谓承重平台，其主要作用是什么？

4. 模板支撑在承重平台上，实现模板的横向移动的方式有几种？详细说明其工作原理。

5. 详细描述扶墙机构的组成，安装拆卸方法。

6. 详细描述液压爬模的爬升过程。

7. 详细描述液压爬模的截面收分过程。

8. 详细描述液压爬模的倾斜爬升原理。

# 第3章　整体提升钢平台模板技术

## 3.1　概述

整体提升钢平台模板工程技术是具有我国自主知识产权的超高层建筑结构施工模板工程技术，是由钢筋混凝土结构升板法技术发展而来的。20世纪80年代末由上海市第五建筑有限公司首创，并成功应用于上海联合大厦（36层，高130m）和上海物资贸易大厦（33层，高114m）两幢超高层建筑施工，结构施工最快达到5d/层。与此同时上海市纺织建筑公司也进行了这方面的成功探索。1992年上海东方明珠广播电视塔采用整体提升钢平台模板工程技术施工塔身筒体，取得成功，结构垂直度达到万分之一。1996年在金茂大厦核心筒结构施工中，整体提升钢平台模板工程技术得到进一步发展，开发的分体组合技术解决了外伸桁架穿越难题。之后整体提升钢平台模板工程技术进入推广应用和完善阶段。上海万都中心和东海广场等工程都应用整体提升模板工程技术施工核心筒。针对近年来超高层建筑造型奇特，结构立面变化剧烈的新情况，增加了悬挂脚手架空中滑移和钢平台带悬挂脚手架空中滑移功能，提高了整体提升钢平台模板工程技术的结构立面适应性，并成功应用于上海世茂国际广场和环球金融中心核心筒施工。2005年在南京紫峰大厦核心筒结构施工中，通过改进支撑系统解决了外伸桁架层利用整体提升钢平台模板系统施工核心筒钢筋混凝土结构的难题。2006年在广州新电视塔核心筒结构施工中，探索利用劲性钢结构柱作为支撑系统立柱取得成功，极大地降低了整体提升钢平台模板工程技术的成本。2007年在广州国际金融中心核心筒结构施工中，将大吨位液压千斤顶技术与整体提升钢平台模板工程技术相结合，简化了施工工序，提高了机械化程度，节约了支撑系统投入。

## 3.2　工艺原理及特点

### 3.2.1　工艺原理

整体提升钢平台模板工程技术属于提升模板工程技术，其基本原理是运用提升动力系统将悬挂在整体钢平台下的模板系统和操作脚手架系统反复提升：提升动力系统以固定于永久结构上的支撑系统为依托，悬吊整体钢平台系统并通过整体钢平台系统悬吊模板系统和脚手架系统，施工中利用提升动力系统提升钢平台，实现模板系统和脚手架系统随结构施工而逐层上升，如此逐层提升浇筑混凝土直至设计高程。整体提升钢平台模板工程技术的工艺流程如图3-1所示。具体内容为：

1）模板组装完成后，浇筑墙、梁、柱混凝土；

2）安装支撑系统立柱；

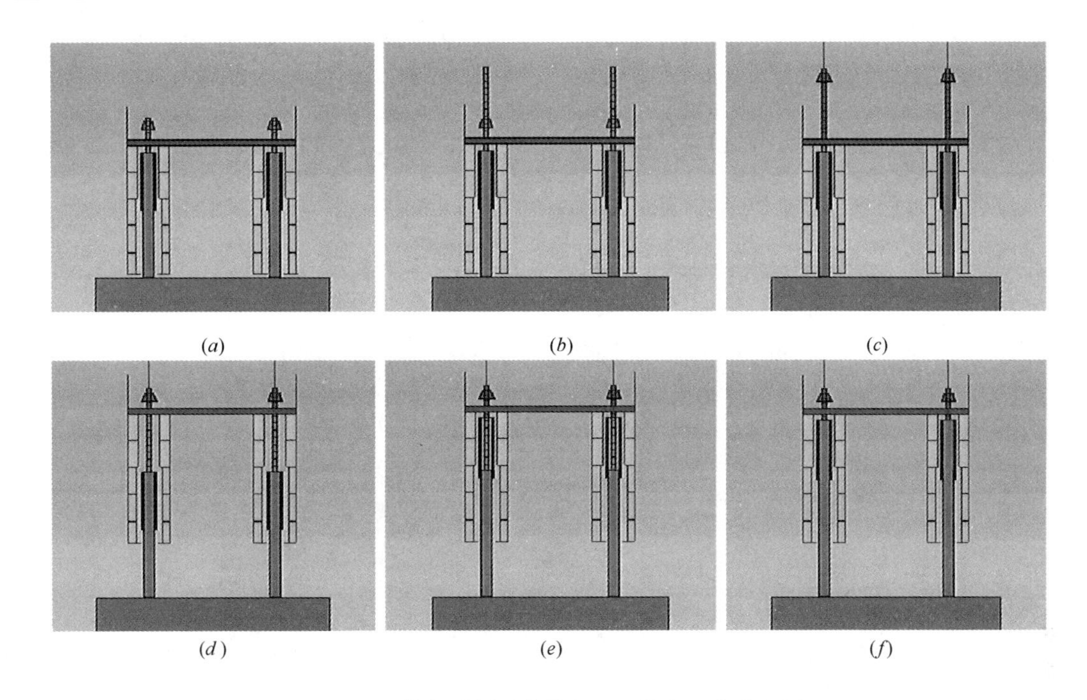


图 3-1　整体提升钢平台模板工程技术工艺流程图

(*a*) 步骤一：浇筑混凝土；(*b*) 步骤二：安装支撑立柱；(*c*) 步骤三：提升动力系统升高；(*d*) 步骤四：提升钢平台及脚手架；(*e*) 步骤五：钢筋绑扎完成后升模；(*f*) 步骤六：浇筑混凝土，进入新的流水

3) 提升动力系统依靠自身动力提升到新的楼层高度；

4) 利用提升动力系统提升钢平台系统及脚手架系统；

5) 绑扎钢筋完成后利用捯链提升模板系统；

6) 模板组装完成后，浇筑墙、梁、柱混凝土，进入下一个流水作业。

### 3.2.2　工艺特点

整体提升钢平台模板工程技术是一项特色极为鲜明的模板工程技术，与其他模板工程技术相比，具有显著优点：

1) 作业条件好。材料堆放场地开阔，为施工作业提供了良好条件，在我国建筑施工企业机械装备落后的情况下，这一优势更显宝贵。下挂脚手架通畅性和安全性好，施工作业安全感强。

2) 施工速度快。提升准备可与钢筋工程、混凝土浇捣平行进行。由于整个系统的垂直运输由提升机构承担，从而可减少塔式起重机的运输量，且大模板原位进行拆卸、提升和组装，大模板可以不落地，模板施工简化，极大地提高了工效。

3) 施工安全性好。整体提升钢平台模板系统始终附着在结构墙体上，能够抵御较大风力作用。提升点始终在系统重心以上，倾覆问题得以避免。提升作业自动化程度比较高，作业面上施工人员极少，安全风险大大降低。

4) 结构质量容易保证。它与大模板一样，是逐层分块安装的，故其垂直度和平整度易于调整和控制，可避免施工误差的积累。系统整体性强，刚度大，结构垂直度容易控制。

但是整体提升钢平台模板工程技术也存在一定缺点，主要是对结构的断面和立面适应性比较差，特别不适合倾斜立面。结构断面和立面变化剧烈将引起平台反复修改，不利于工期保障和安全控制。

### 3.2.3　系统组成

整体提升钢平台模板系统由六部分组成：(1) 模板系统；(2) 脚手架系统；(3) 钢平台系统；(4) 支撑系统；(5) 提升动力系统；(6) 自动控制系统。如图 3-2 所示。

图 3-2　整体提升钢平台模板系统组成

1) 模板系统

模板系统主要包括模板和模板提升装置。模板多为大模板，以提高施工工效，按材料分为钢模和木模两种，目前多采用钢模，主要是因为钢模具有原材料来源广、周转次数多、不易变形、损耗小、具有较高的回收价值等优点。

2) 脚手架系统

脚手架系统主要为钢筋绑扎、模板装拆等提供操作空间。悬挂脚手架作为施工操作脚手架，由吊架、走道板、底板、防坠闸板、侧向挡板组成，如图 3-3 所示。根据使用位置的不同悬挂脚手架系统分为用于内外长墙面施工的悬挂脚手架系统和用于井道墙面施工的悬挂脚手架系统。考虑到模板安装需要的搭接高度和钢平台下部混凝土浇捣需要的操作空间，脚手架系统设计高度一般需要两个半楼层高度。为了创造安全的作业环境，脚手架系统必须营造一个全封闭的、通畅的操作空间，在脚手架外围安装安全钢网板，底部用花纹钢板进行封闭，并用楼梯进行竖向联络。

图 3-3　悬挂脚手架

3) 钢平台系统

在整体提升钢平台模板系统中，钢平台系统发挥承上启下的作用，它既作为大量施工材料、施工机械等的堆放场所和施工人员的施工作业场地，又是模板系统和脚手架系统悬挂的载体。钢平台系统由承重钢骨架、走道板和围护栏杆及挡网等组成，其中承重钢骨架是关键部分（见图 3-4）。承重钢骨架一般包括主梁、次梁及连系梁，多采用型钢梁制作。

图 3-4　钢平台承重钢骨架

4）支撑系统

支撑系统包括立柱和提升架，其中立柱为关键构件。支撑系统立柱有 3 种基本类型：工具式钢柱、临时钢柱、劲性钢柱。

（1）工具式钢柱。工具式钢柱可以是格构柱、钢管柱，避开结构墙、梁和柱布置。采用工具式钢柱作为支撑系统节约了材料，但是工具式钢柱提升增加了施工工序，工效有所下降。

（2）临时钢柱。为最大限度地降低钢材的使用量，从而降低施工成本，临时钢柱多采用格构柱，布置在剪力墙中。临时钢柱布置既要考虑钢平台受力需要，又要考虑钢筋绑扎和模板组装方便，尽量避免布置在结构暗柱和门、窗洞口位置。

图 3-5　升板机及提升螺杆

（3）劲性钢柱。为提高结构抗侧向荷载性能，现在超高层建筑越来越多地采用劲性结构，核心筒剪力墙中常布置劲性钢柱。为了降低成本，在广州新电视塔工程中探索采用劲性钢柱作为支撑系统立柱，节约材料，提高了整体提升钢平台模板系统的经济性。

5）提升动力系统

提升动力系统是整体提升钢平台模板系统的关键设备，主要由提升机和提升螺杆组成（见图 3-5）。提升机主要有电动提升机和液压提升机两大类。目前，我国使用最广的是自升式电动螺旋千斤顶提升机，简称电动升板机或升板机，电动升板机具有构造简单、制作方便、操作灵活、传动可靠、提升同步性比较好、成本低廉等优点。提升动力系统安装位置因支撑方式而异，工具式钢柱作支撑时，升板机始终位于支撑系统顶端。临时钢柱和劲性钢柱作支撑时，升板机则随支撑系统不断接长而升高。升板机通过钢螺杆提升钢平台，通常情况下一个楼层施工，钢平台系统需要二次提升才能到位。

6）自动控制系统

整体提升钢平台模板系统采用多点提升，提升同步性和荷载均衡性要求高，必须运用自动控制技术才能确保提升作业安全。自动控制系统由监控器、荷载传感器、变送器和信号传输网络组成，采用荷载控制法进行自动控制。自动控制系统基本原理为：钢平台整体提升过程中，利用荷载传感器实时监测升板机荷载，然后通过变送器将监测结果转换成数字信号，并经信号传输网络传送至监控器，最后监控器根据预先设定的荷载允许值，分析钢平台整体提升安全状态，发出控制指令：继续提升、报警或终止提升。

## 3.3 关键技术

### 3.3.1 截面收分技术

超高层建筑结构设计受水平荷载控制，结构内力自下而上逐步变小。为降低材料消耗，竖向结构（剪力墙和柱）的几何尺寸也自下而上逐步变小，结构收分显著，多达1.0m以上，个别甚至接近2.0m。因此超高层建筑模板系统必须具备较强的收分能力。整体提升钢平台模板系统采用两种方法应对结构收分：悬挂脚手架空中滑移法和钢平台带悬挂脚手架空中滑移法。

1）悬挂脚手架空中滑移法

悬挂脚手架空中滑移法原理是：依托钢平台钢梁设置滑移轨道，脚手架通过滑动滚轮悬挂在滑移轨道上，当结构立面收分时，利用捯链牵引脚手架进行空中滑移，以满足结构安全施工需要如图3-6所示。悬挂脚手架空中滑移法操作简单、安全可靠，因此应用比较广泛，但是受各种条件制约，允许收分幅度比较小，适用于墙体收分尺寸不大的情况。

2）钢平台带悬挂脚手架空中滑移法

钢平台带悬挂脚手架空中滑移法原理是：以钢平台主梁作为滑移轨道，悬挂脚手架与钢平台次梁作为一个整体通过滑动滚轮悬挂在主梁下翼缘上，同时主梁上翼缘作为滑移时的限位，防止次梁滑移过程中倾覆，当结构立面收分时，利用捯链牵引钢平台次梁及悬挂脚手架进行空中滑移，以满足结构安全施工需要。如图3-7所示钢平台带悬挂脚手架空中滑移法整体性强、安全性好，能够适应墙体结构收分幅度比较大的情况。

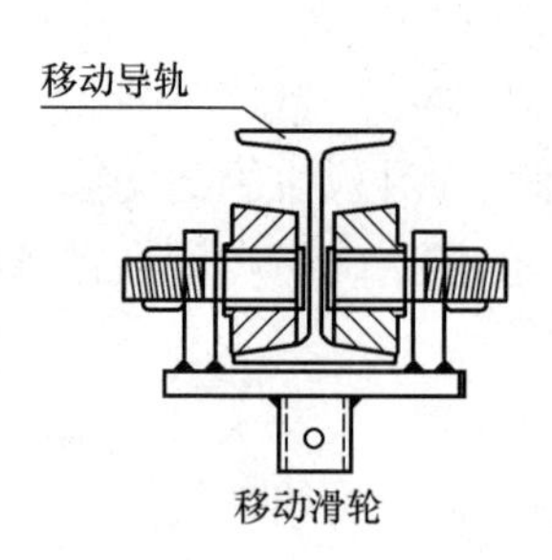

图3-6 悬挂脚手架空中滑移法原理图

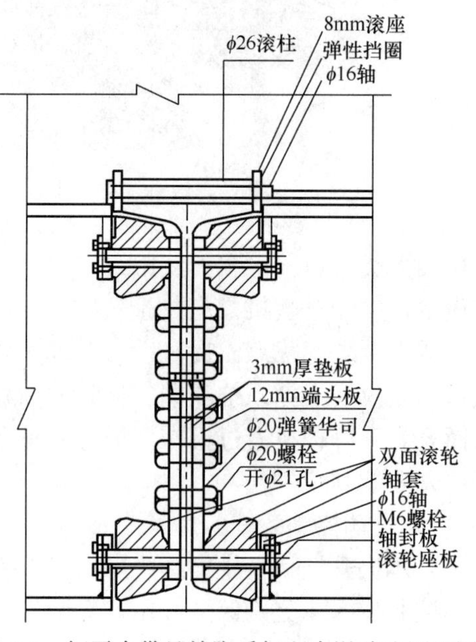

图3-7 钢平台带悬挂脚手架空中滑移法原理图

### 3.3.2　穿越外伸桁架技术

为了提高结构抗侧向荷载效率，超高层建筑越来越多地采用外伸桁架结构，实现核心筒与外框架共同作用。外伸桁架多通过环状桁架锚固在核心筒剪力墙中，如何安全顺利穿越外伸桁架是整体提升钢平台模板系统推广应用必须解决的重要技术难题。在金茂大厦核心筒结构施工中开发了整体提升钢平台模板系统空中分体组合技术，较好地解决了3道外伸桁架穿越的难题。

整体提升钢平台模板系统空中分体组合技术工艺原理为：

1）整体提升钢平台模板系统施工至外伸桁架下方时解体，通过钢牛腿搁置在核心筒剪力墙上，拆除升板机，将高于钢平台部分的格构柱割除；

2）在钢平台上搭设落地脚手，应用传统模板工艺向上施工带有环状钢桁架的混凝土墙体；

3）在混凝土墙体顶部设置提升支架及升板机；在提升机下设置吊杆，用数节吊杆接长并与钢平台连接；

4）采用接力提升的办法将解体的钢平台模板系统逐块提升到位，使钢平台钢梁越过外伸桁架钢梁；

5）安装连系钢梁，将钢平台重新组装为整体后，将整体提升钢平台模板系统搁置在支撑系统立柱上，整体提升钢平台模板系统恢复为空中解体前状态，进入常规施工工艺流程。

穿越外伸桁架施工工艺流程如图3-8所示。

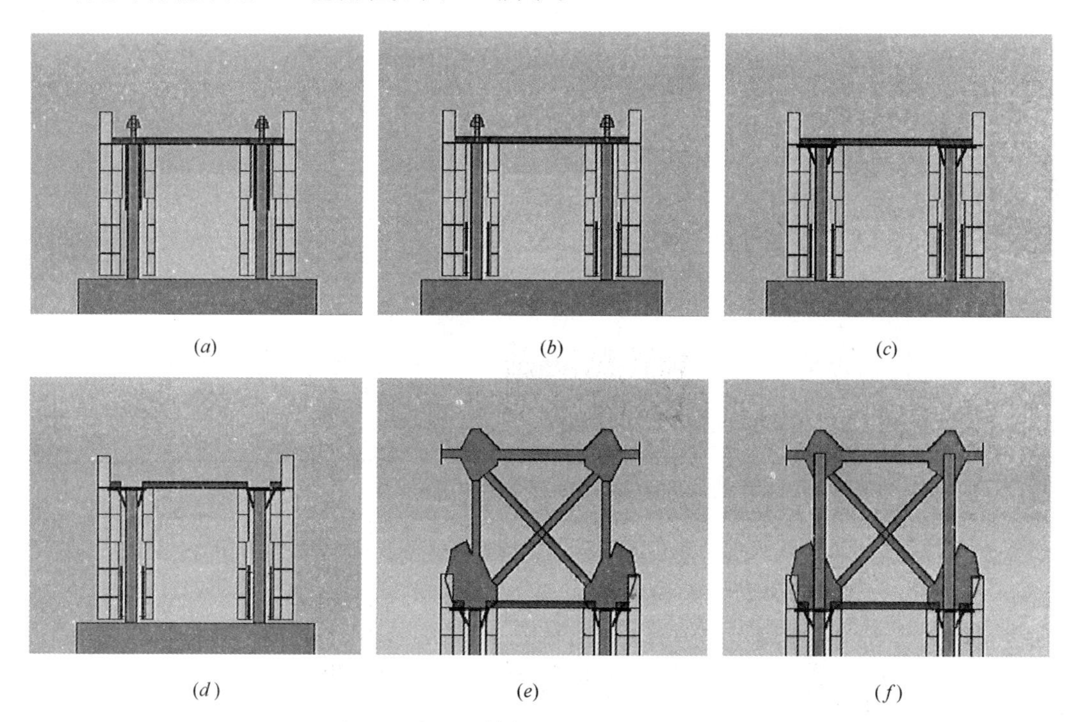


图3-8　穿越外伸桁架施工工艺流程（一）

(a) 步骤零：钢平台解体前；(b) 步骤一：拆除模板；(c) 步骤二：拆除提升设备及支撑系统；(d) 步骤三：钢平台解体；(e) 步骤四：安装外伸桁架；(f) 步骤五：钢筋混凝土剪力墙施工

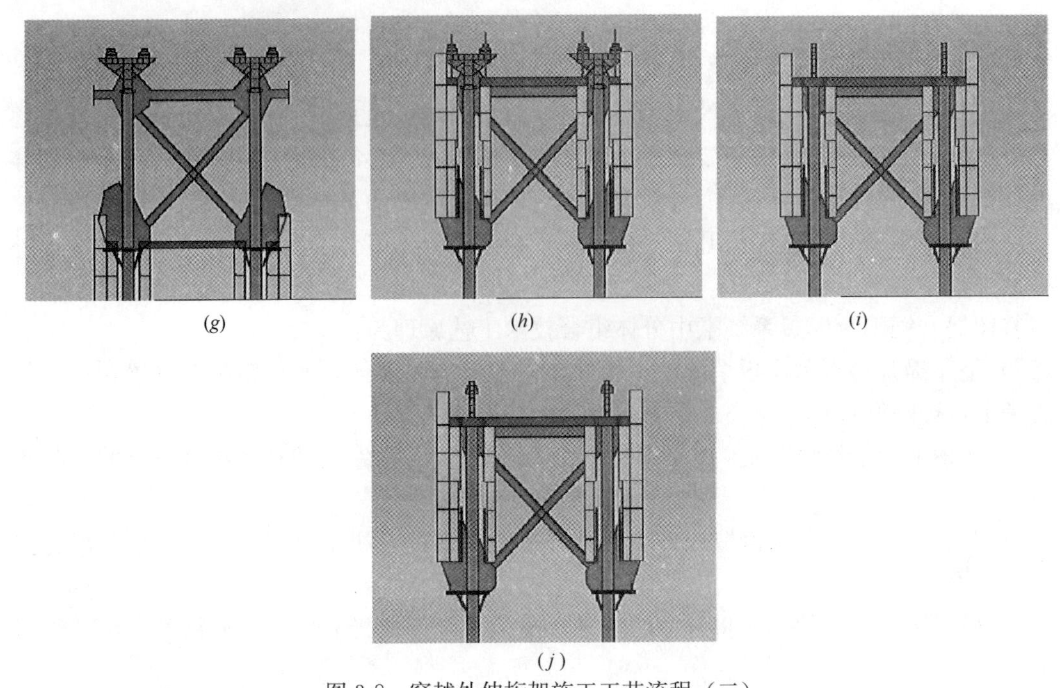


图 3-8　穿越外伸桁架施工工艺流程（二）

（g）步骤六：安装支撑系统及提升设备；（h）步骤七：提升钢平台；（i）步骤八：重新组装钢平台；（j）步骤九：钢平台模板系统恢复解体前状态

## 3.4　系统设计

跳爬式液压顶升钢平台脚手模板体系由钢平台系统、内外挂脚手系统、支撑系统、液压动力及电气控制系统和大模板系统共 5 部分组成，如图 3-9 所示。通过钢梁组成的钢平台与挂脚手架连接，形成一个全封闭的施工操作环境，利用钢牛腿搁置在核心筒墙体上、油缸顶升，带动钢平台完成体系的爬升。

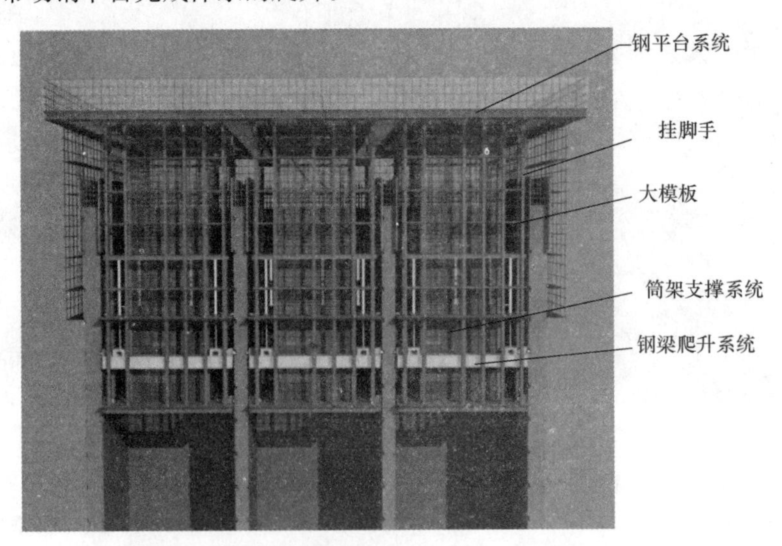


图 3-9　跳爬式液压顶升钢平台脚手模板体系构成图

### 3.4.1　钢平台系统

钢平台在正常施工时处于整个体系的顶部，作为施工人员的操作平台及钢筋和设备的堆放场所。钢平台由纵横向主次梁、平台钢板及外围挡板组成。

钢平台连系钢梁主要由 H 型钢组成，在钢梁上根据施工实际情况覆盖钢板，作为操作平台，平台钢板由花纹钢板及方管焊接组成。未铺设平台钢板的位置采用格栅板覆盖，在施工需要时将该位置格栅板翻起。在钢平台的外周边一圈设置 2m 高的冲孔板封闭板挡墙，以防止人、物等高空坠落。

### 3.4.2　内、外挂脚手系统

外挂脚手固定于钢平台的连系钢梁底部，分为角部固定部分和中部可滑移部分。在外挂脚手顶部安装滑移油缸，固定于钢平台钢梁上。

外挂脚手共分 6 层，由槽钢和脚手钢管组成竖向吊架，外挂脚手的外侧采用冲孔板组成的侧挡板封闭。

在外挂脚手的底部靠近核心筒外墙体处设置可移动式防坠闸板，防止构件及建筑垃圾坠落。钢平台系统整体提升时，先将闸板整体收进，使其脱离墙面，待提升到位后，再将闸板伸出紧贴墙面。

内挂脚手系统由安装在核心筒内的 9 个独立的构架部分组成，包括 1 个中间挂架筒和周边 8 个构架筒，全部内挂脚手均安装在顶部钢平台连系钢梁下部。

每个构架系统又分为内构架及外构架两部分，外构架从顶部钢平台梁底到最底层钢梁共分为 7 层。内构架为动力系统和内构架支撑系统所在层，通过油缸缸筒与外构架 4 层刚性圈梁层连接，中间筒挂架共分 6 层。

### 3.4.3　支撑系统

支撑系统是整个顶升钢平台的承重构件，又是顶升钢平台的导轨。钢平台支撑系统由外构架支撑系统和内构架支撑系统两部分组成。其中内构架支撑系统由内架牛腿制动装置、承重钢梁组成。外构架支撑系统由外架牛腿制动装置、承重钢梁组成。

正常使用状态下，外构架牛腿作为搁置钢平台的承重构件，顶部钢平台及脚手架系统的荷载主要由边筒支架的型钢柱传递到外架的底部钢梁，再由安装在底部钢梁上的支撑牛腿传递到核心筒混凝土墙上。钢平台顶升过程中，内构架牛腿作为钢平台的承重构架，油缸顶升力通过 4 层刚性圈梁传递到油缸周围的型钢柱上，再通过柱传递给顶部钢平台，带动外架及外脚手整体提升。依此原理，通过内外构架牛腿的相互交替受力，完成整个钢平台体系的正常使用和爬升。

### 3.4.4　液压动力及电气控制系统

动力设备由 1 套集中控制系统、8 台液压泵和若干套液压顶升油缸组成。液压顶升油缸是顶升钢平台的重要动力部件，固定在内构架层的底部。初始状态整个内筒支架设置 36 处油缸，其中九宫格的 4 个角部的边筒支架各设 5 个油缸，4 个中间的边筒支架各设 4 个油缸。待墙体变形后，油缸数量会随之逐步减少。

1）顶升油缸

液压顶升油缸活塞杆材料选用40Cr调质，缸筒材料选用45号加厚钢。

2）泵站系统

整个泵站系统选用8套ENERPAC专用泵，每套泵控制4个或5个油缸，通过PLC来达到36点同步。每套系统可控制4个或5个油缸独立工作。

3）PLC控制系统

通过PLC控制系统进行测量、传输、设定、控制，实现系统各部分的协调动作，保证顶升的同步性。出于安全、高可靠性的要求，当某一受控点的误差不能被控制器修复时，控制器将发出系统错误报警，同时控制各电磁阀动作，切断油路，停止工作。直到错误被修复，并得到操作者重新工作的指令，系统才恢复动作。

### 3.4.5 大模板系统

大模板系统采用钢框木模，采用21mm×1220mm×2440mm维萨芬兰板作为面板；双拼100mm×50mm方管作为横向围檩；6号槽钢作为竖向围檩。每块大模板上设置2个钢板吊耳，每个吊耳用3t捯链挂在钢平台钢大梁上，随钢平台整体提升。

### 3.4.6 实施效果

跳爬式液压顶升钢平台脚手模板体系在上海中心大厦建造过程中得到了成功应用（见图3-10），达到了平均4d/层的施工速度，最快时每层仅需2d；核心筒垂直度精度达到1/35000；每道桁架层施工比传统整体模架可节约工期20d；标准模块化设计使95%的部件为通用型，重复使用率达90%以上，为上海中心大厦主体结构如期封顶创造了良好条件。

(a)

(b)

图3-10 跳爬式液压顶升钢平台脚手模板现场照片

## 3.5 上海中心大厦工程应用

### 3.5.1 工程概况

上海中心大厦总用地面积约30368m²，总建筑面积约574058m²，其中地上总建筑面积约410139m²。主楼地下5层，地上120层，总高度632m。

图3-11　上海中心大厦效果图

主楼为钢筋混凝土和钢结构组合而成的混合结构体系。竖向结构包括核心筒和巨型柱，水平结构包括楼层钢梁、楼面桁架、带状桁架、伸臂桁架以及组合楼板。核心筒墙体交界处内埋劲性钢柱，1～18层、23～34层、50～51层部分墙体内设有单层剪力钢板，钢板在上下楼层间断开，采用暗梁连接。核心筒遇伸臂桁架层在墙体内埋设约两层高的井字型伸臂桁架，贯穿整个腹墙。上海中心大厦效果图如图3-11所示。

### 3.5.2　施工工艺

核心筒墙体1～12层采用常规方法施工，施工脚手采用悬挑结合落地脚手的方式。待第12层核心筒墙体施工完成后，开始安装跳爬式液压顶升钢平台脚手模板体系。待第120层核心筒墙体施工完成后，考虑到121层以上剪力墙内预埋的大量劲性钢结构，跳爬式液压顶升钢平台脚手模板体系此时予以拆除，核心筒121层以上楼层仍采用传统方法施工。

### 3.5.3　标准层施工方案

标准层的爬升流程如下：

1）跳爬式液压顶升钢平台脚手模板体系在初始状态时，钢平台系统位于刚浇筑完成的核心筒混凝土顶面以上一层高，此时混凝土处于养护阶段，准备绑扎核心筒上层钢筋。

2）在钢平台和脚手架上绑扎钢筋；拆除大模板，并将大模板固定于悬挂脚手架和内外架支撑系统上，外架支撑牛腿退出墙面一定距离，整体钢平台准备爬升。

3）以核心筒墙体上的内架支撑系统为支承，启动液压油缸，顶升整体钢平台半层，大模板随钢平台同步爬升，到位后再次利用小油缸顶升将外架支撑搁置在核心筒上，进行受力转换。

4）液压油缸回提，带动内架系统同步提升半层，利用小油缸的顶升完成内架系统在核心筒上的支承，进行受力转换。

5）重复3）、4）步骤，整体钢平台完成第二次半层爬升。

6）大模板安装，紧固对拉螺栓，进行工程验收，浇筑核心筒墙体混凝土。

7）混凝土进行养护，将上层核心筒钢筋吊至钢平台顶部，准备绑扎钢筋。

8）进入下一个标准层高施工循环。如图3-12所示。

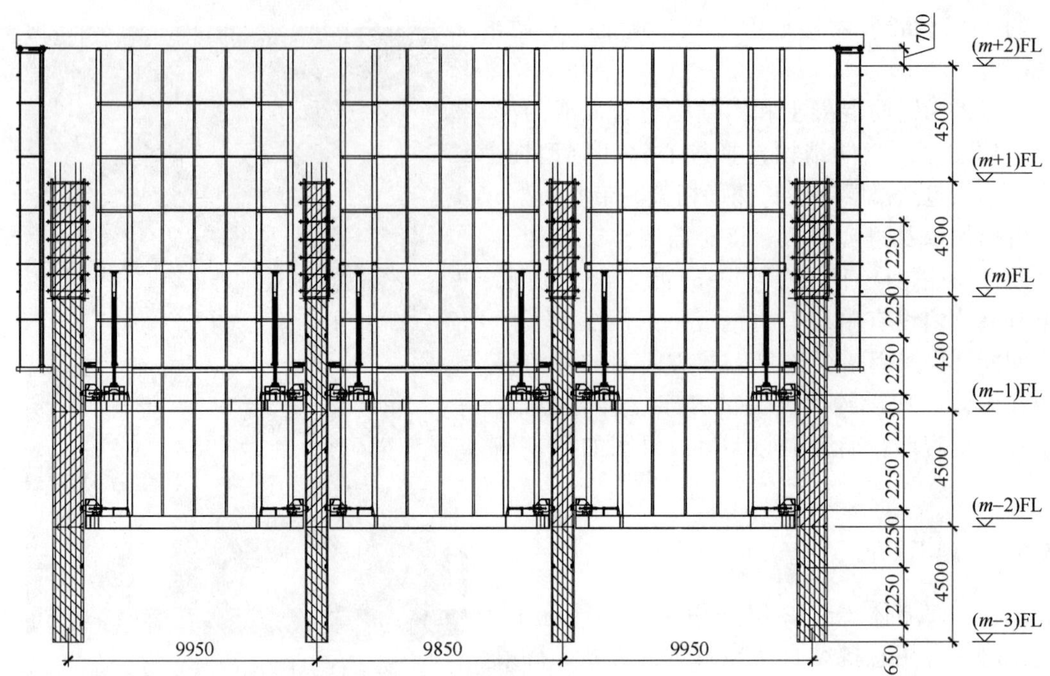


说明：跳爬式液压顶升构架平台脚手模板体系在初始状态时，构架平台系统位于刚浇筑完成的核心筒混凝土顶面以上一层高，此时混凝土处于养护阶段，准备绑扎核心筒上层钢筋。

(*a*)

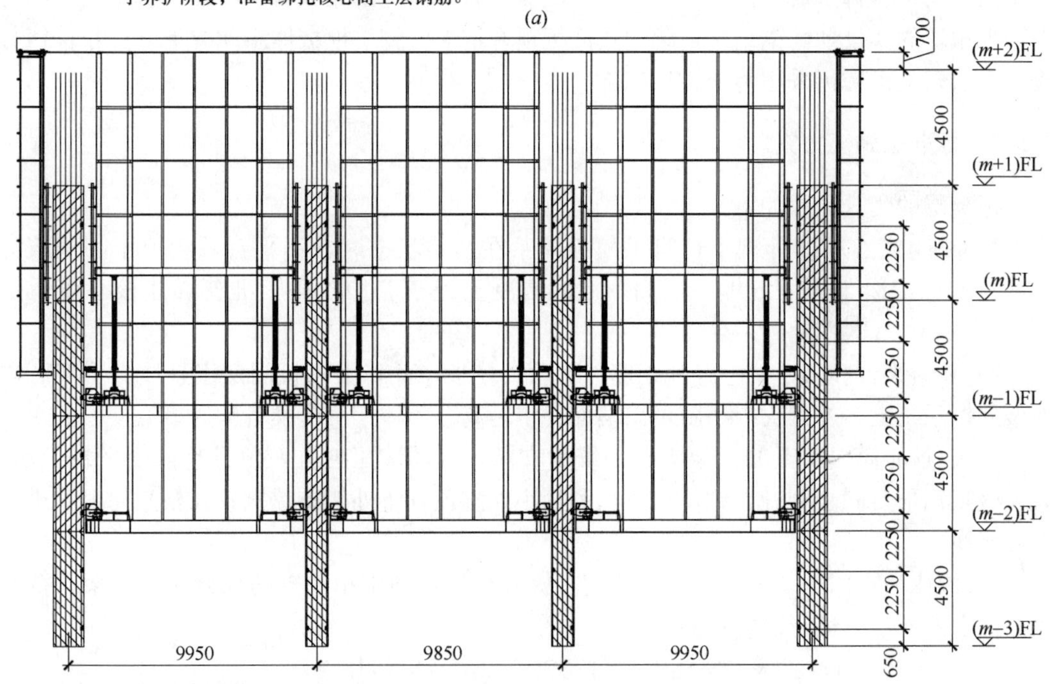


说明：在构架平台和脚手架上绑扎钢筋；拆除大模板，并将大模板固定于悬挂脚手架和内外架支撑系统上，利用小油缸回缩将外架支撑牛腿退出墙面一定距离，整体构架平台体系准备爬升。

(*b*)

图 3-12 标准层施工流程图（一）

（*a*）流程一；（*b*）流程二

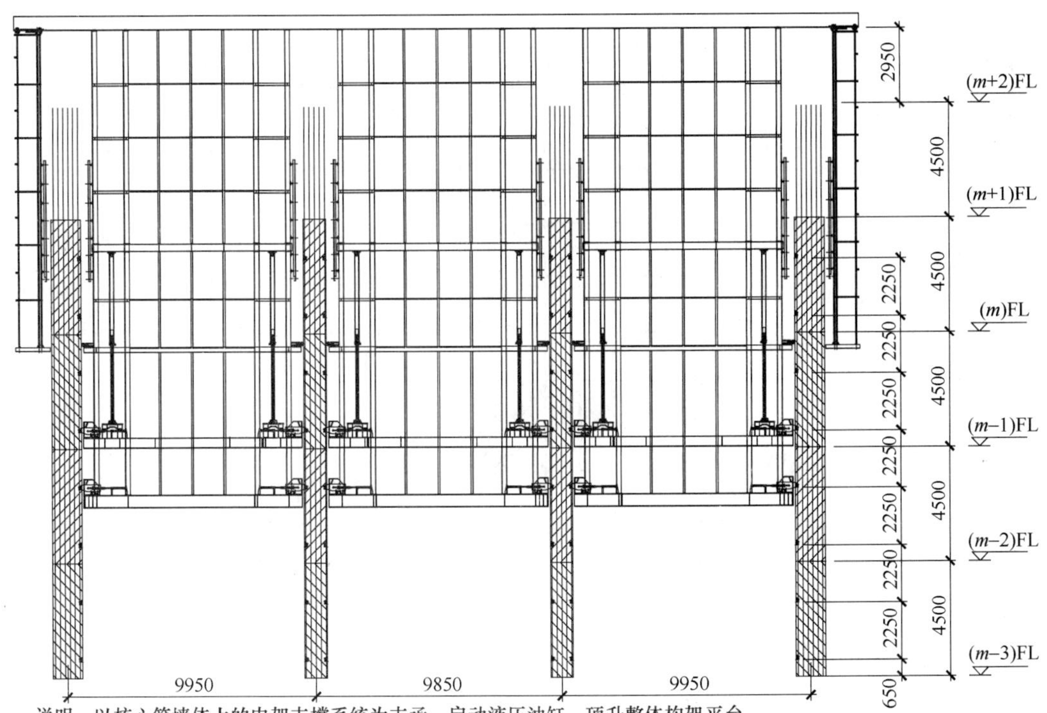


说明：以核心筒墙体上的内架支撑系统为支承，启动液压油缸，顶升整体构架平台半层，大模板随构架平台同步爬升,到位后再次利用小油缸顶升将外架支撑搁置在核心筒上，进行受力转换。

(*c*)

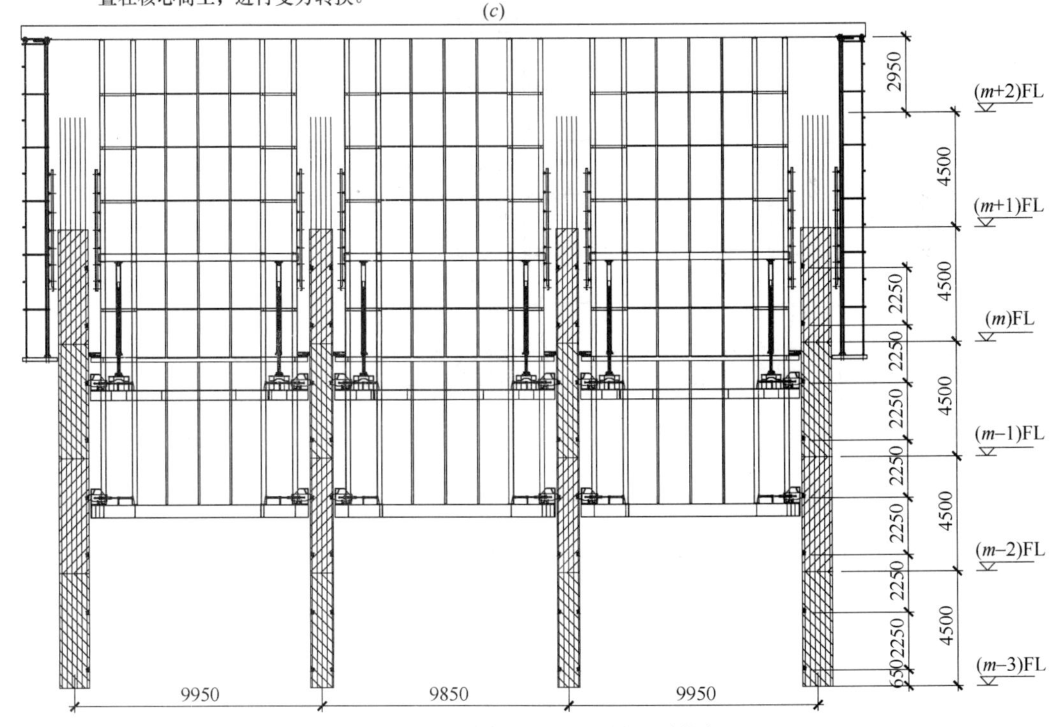


说明：液压油缸回提，带动内架系统同步提升半层，利用小油缸顶升将内架系统搁置在核心筒上，进行受力转换。

(*d*)

图 3-12　标准层施工流程图（二）

(*c*) 流程三；(*d*) 流程四

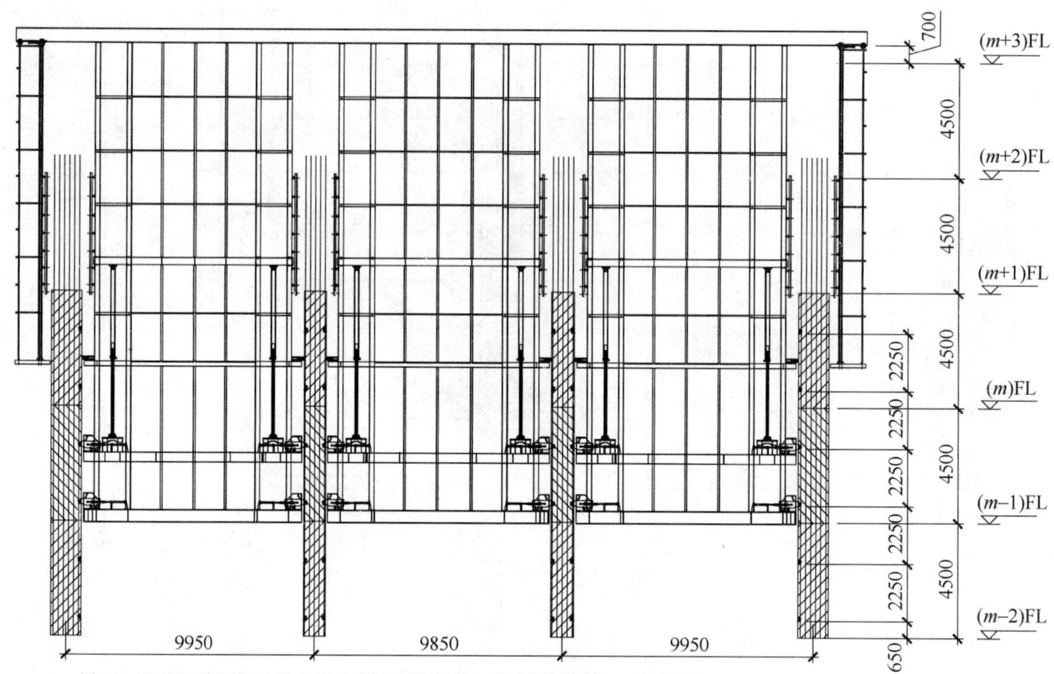


说明：以核心筒墙体上的内架支撑系统为支承，启动液压油缸，顶升整体构架平台半层，大模板随构架平台同步爬升,到位后利用小油缸顶升将外架支撑搁置在核心筒上，进行受力转换。

(e)

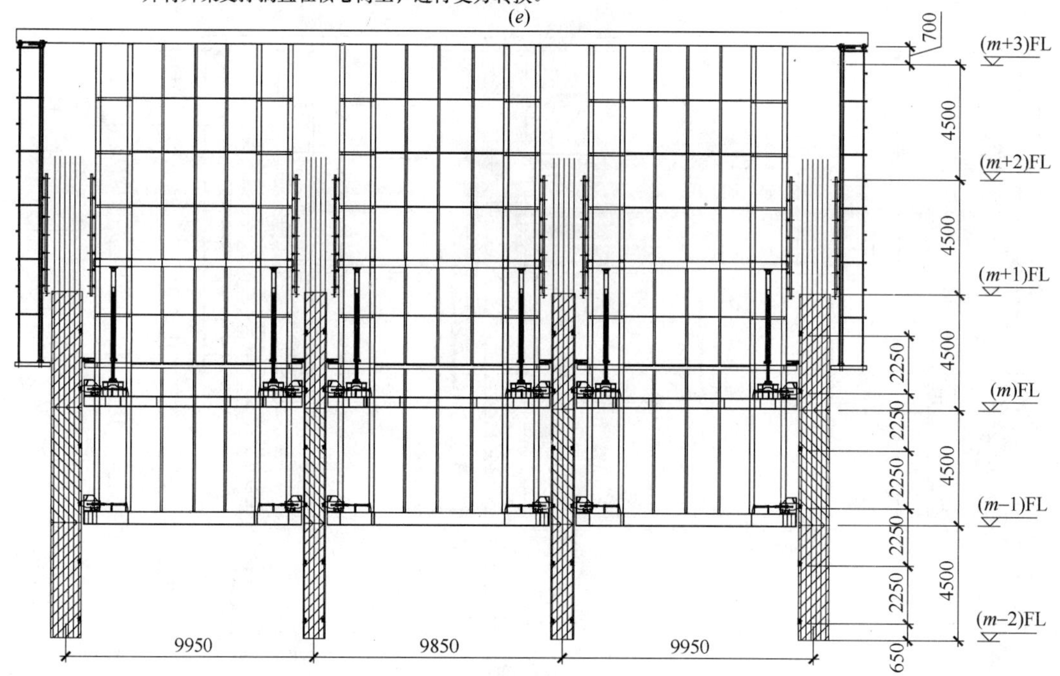


说明：液压油缸回提，带动内架系统同步提升半层，利用小油缸顶升将内架系统搁置在核心筒上，进行受力转换。

(f)

图 3-12 标准层施工流程图（三）

(e) 流程五；(f) 流程六

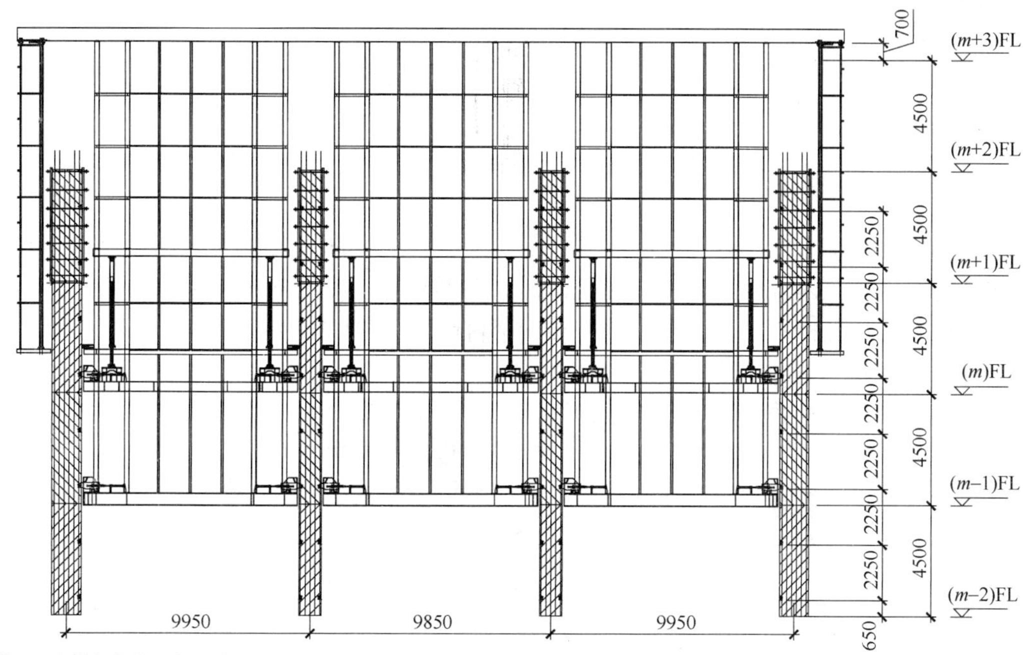


图 3-12　标准层施工流程图（四）

（g）流程七

### 3.5.4　伸臂桁架层施工方案

1）在标准层钢平台爬升到位的基础上，继续爬升半层，用于施工桁架层下一层核心筒。此半层的钢平台爬升，大模板保留在原位，不随整体钢平台爬升。

2）拆除钢平台东西方向中部连系钢梁，吊装南北方向中部伸臂桁架下弦杆，重新安装钢平台东西方向中部连系钢梁；拆除钢平台南北方向中部连系钢梁，吊装东西方向中部伸臂桁架下弦杆，重新安装钢平台南北方向中部连系钢梁；完成井字形中部伸臂桁架下弦杆安装。

3）拆除钢平台井字形外部连系钢梁，吊装井字形外部伸臂桁架下弦杆，重新安装钢平台井字形外部连系钢梁，完成伸臂桁架下弦杆安装。

4）在钢平台系统和脚手架系统上绑扎 $n+1$ 层钢筋，拆除大模板，并将大模板固定于悬挂脚手架和内外架支撑系统上，整体钢平台准备爬升。

5）以核心筒墙体上的内架支撑系统为支承，启动液压油缸，顶升整体钢平台半层，大模板随钢平台同步爬升，整体钢平台外架系统支承于核心筒上，进行受力转换。

6）液压油缸回提，带动内架系统同步提升半层，内架系统支承于核心筒上，进行受力转换。

7）重复5）、6）步骤，整体钢平台完成第二次半层爬升。

8）大模板安装，紧固对拉螺栓，进行工程验收，浇筑$n+1$层核心筒墙体混凝土，并进行混凝土养护。

9）重复5）、6）步骤，整体钢平台完成两个半层爬升，准备进行伸臂桁架腹杆和上弦杆安装。

10）拆除钢平台东西方向中部连系钢梁，吊装南北方向中部伸臂桁架腹杆和上弦杆，重新安装钢平台东西方向中部连系钢梁；拆除钢平台南北方向中部连系钢梁，吊装东西方向中部伸臂桁架腹杆和上弦杆，重新安装钢平台南北方向中部连系钢梁；完成井字形中部伸臂桁架腹杆和上弦杆安装。

11）拆除钢平台井字形外部连系钢梁，吊装井字形外部伸臂桁架腹杆和上弦杆，重新安装钢平台井字形外部连系钢梁，完成伸臂桁架腹杆和上弦杆安装。

12）在钢平台系统和脚手架系统上绑扎$n+2$层钢筋，进行大模板安装，浇筑核心筒混凝土，并进行混凝土养护；绑扎$n+3$层钢筋，钢平台准备爬升。

13）重复5）、6）步骤，整体钢平台完成一次半层爬升。

14）大模板安装，紧固对拉螺栓，进行工程验收，浇筑$n+3$层核心筒墙体混凝土，进行混凝土养护，完成伸臂桁架层施工。

15）待伸臂桁架层施工完成后，重复5）、6）步骤，直至$n+6$层混凝土施工完成，进入下一个标准层爬升循环。如图3-13所示。

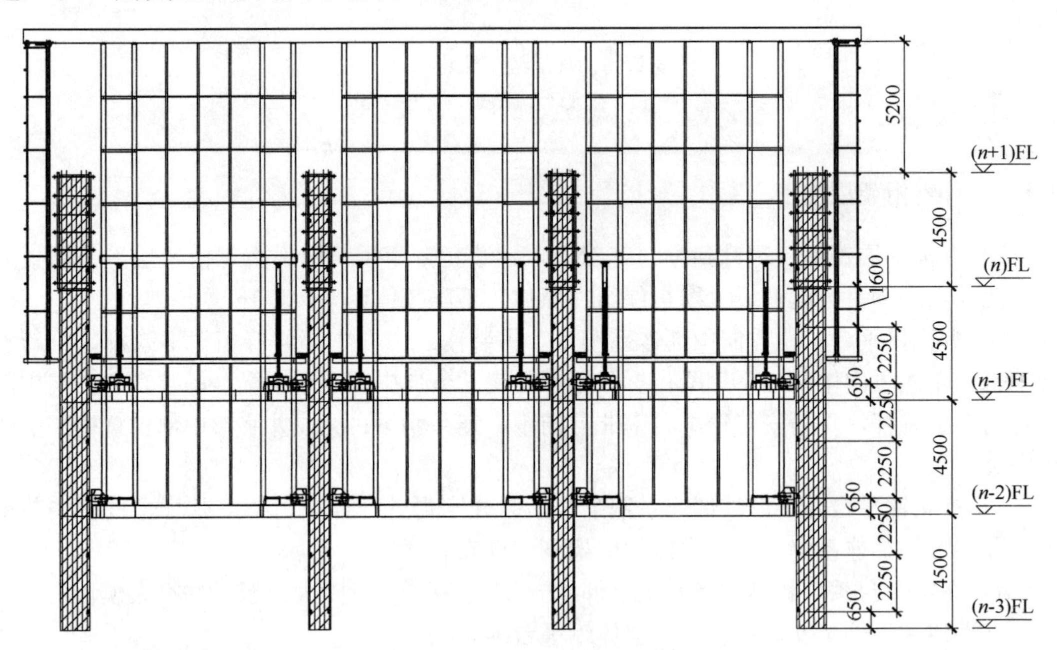


说明：跳爬式液压顶升构架平台脚手模板体系在初始状态时，构架平台体系位于刚浇筑完成的核心筒混凝土顶面以上一层高，此时混凝土处于养护阶段。

(*a*)

图3-13 过伸臂桁架层施工流程图（一）

（*a*）流程一

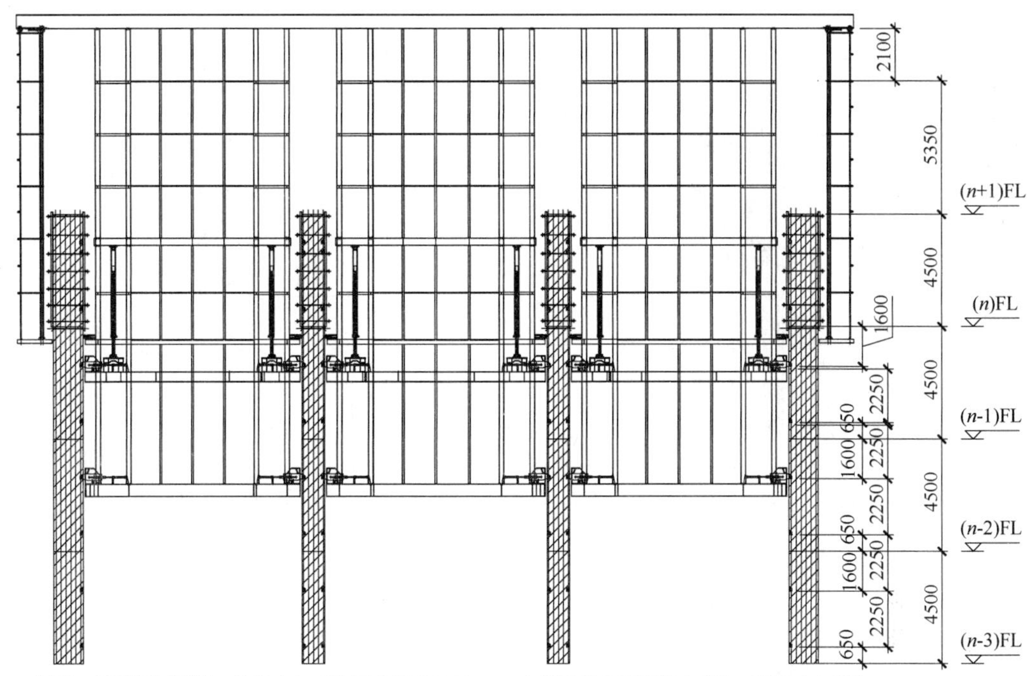


说明：液压油缸回提，带动内架系统同步提升2250mm，内架系统支承于核心筒上，进行受力转换。

(*b*)

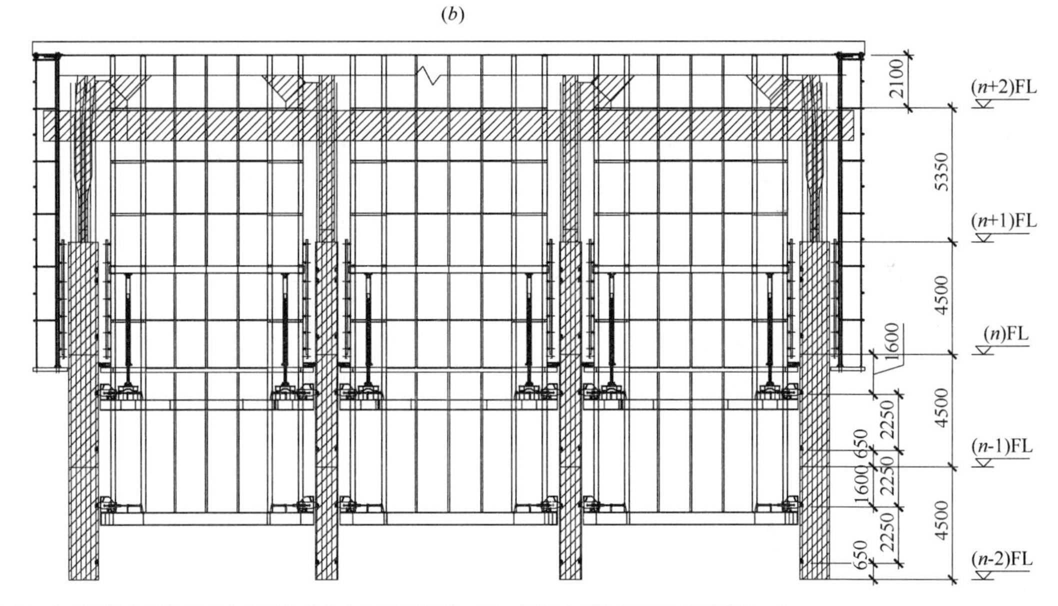


说明：先后拆除中部构架平台东西和南北方向连系钢梁，逐一吊装中部伸臂桁架的下弦杆，完成后马上恢复拆除的钢梁；然后再拆除井字外部构架平台连系钢梁，吊装外部伸臂桁架的下弦杆。绑扎*n*+1层钢筋；拆除大模板，将模板固定于悬挂脚手架和内外架支撑系统上。

(*c*)

图 3-13 过伸臂桁架层施工流程图（二）

(*b*) 流程二；(*c*) 流程三

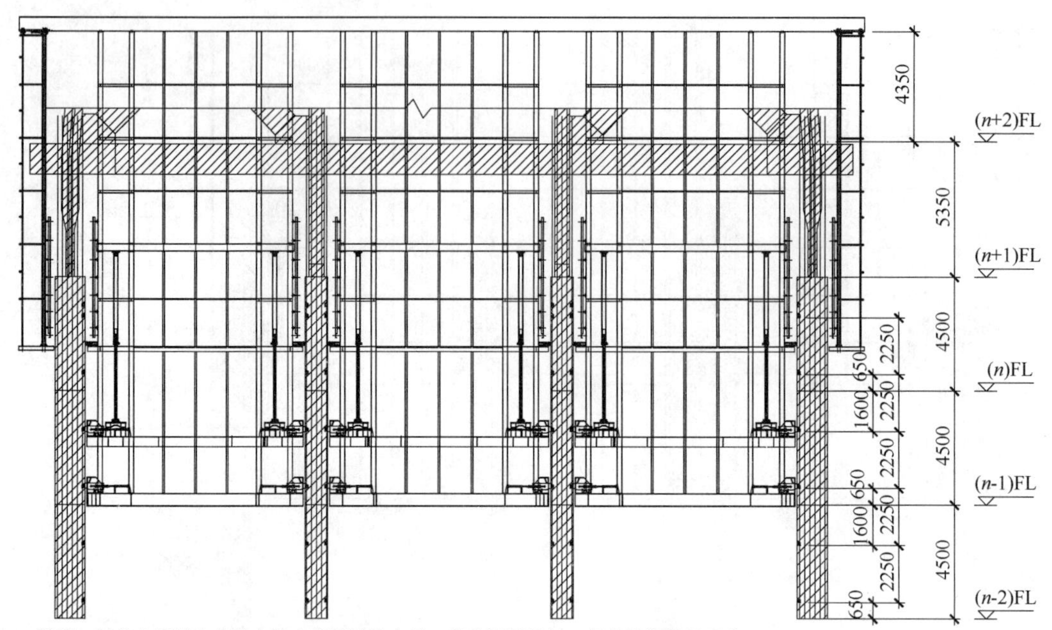


说明：以核心筒墙体上的内架支撑系统为支承，启动液压油缸，顶升整体构架平台2250mm，大模板随构架平台同步爬升 。此时，构架平台体系外架系统支承于核心筒上，进行受力转换。

(*d*)

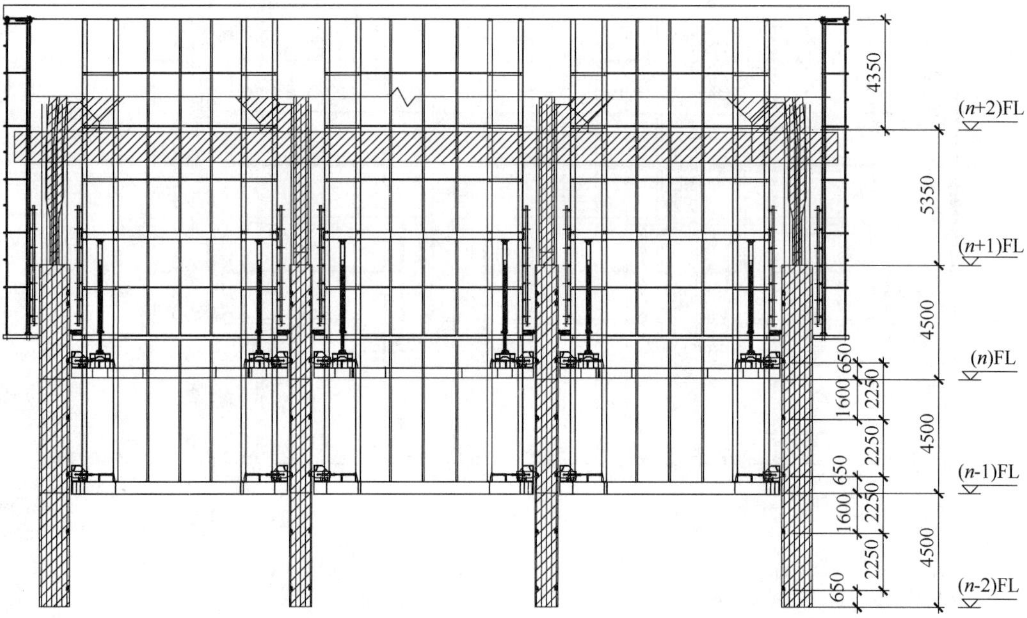

说明：液压油缸回提，带动内架系统同步提升2250mm，内架系 统支承于核心筒上，进行受力转换。

(*e*)

图 3-13　过伸臂桁架层施工流程图（三）

（*d*）流程四；（*e*）流程五

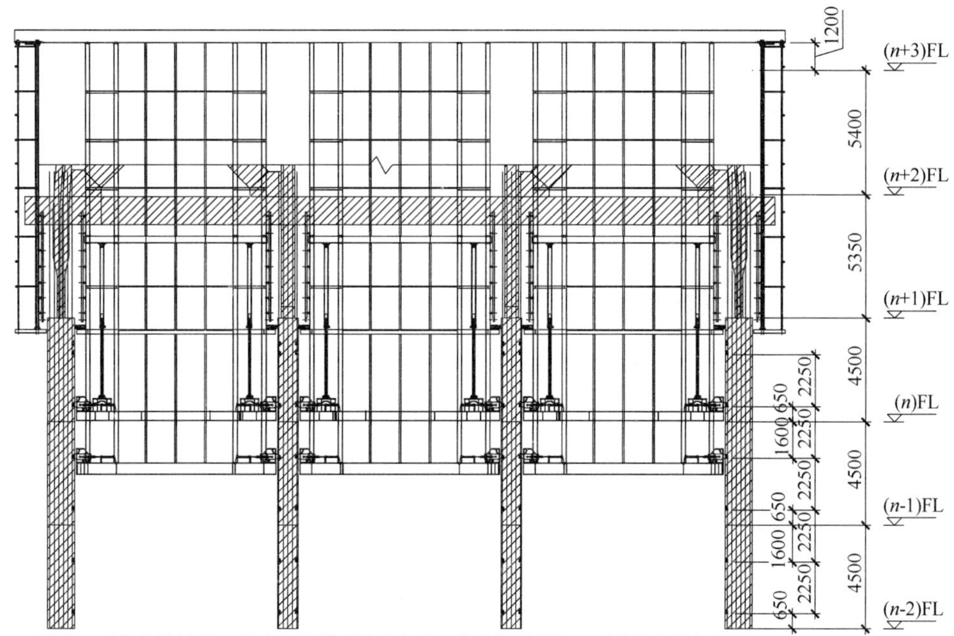


说明：以核心筒墙体上的内架支撑系统为支承，启动液压油缸，顶升整体构架平台2250mm，大模板随构架平台同步爬升。此时，构架平台体系外架系统支承于核心筒上，进行受力转换。

(*f*)

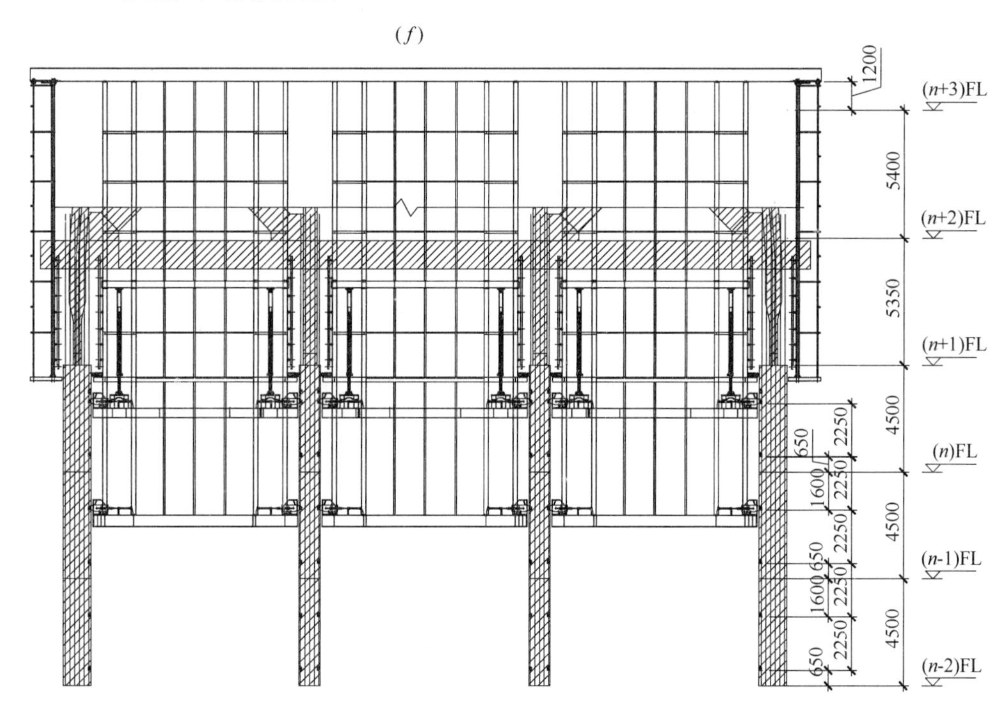


说明：液压油缸回提，带动内架系统同步提升2250mm，内架系统支承于核心筒上，进行受力转换。

(*g*)

图 3-13　过伸臂桁架层施工流程图（四）

（*f*）流程六；（*g*）流程七

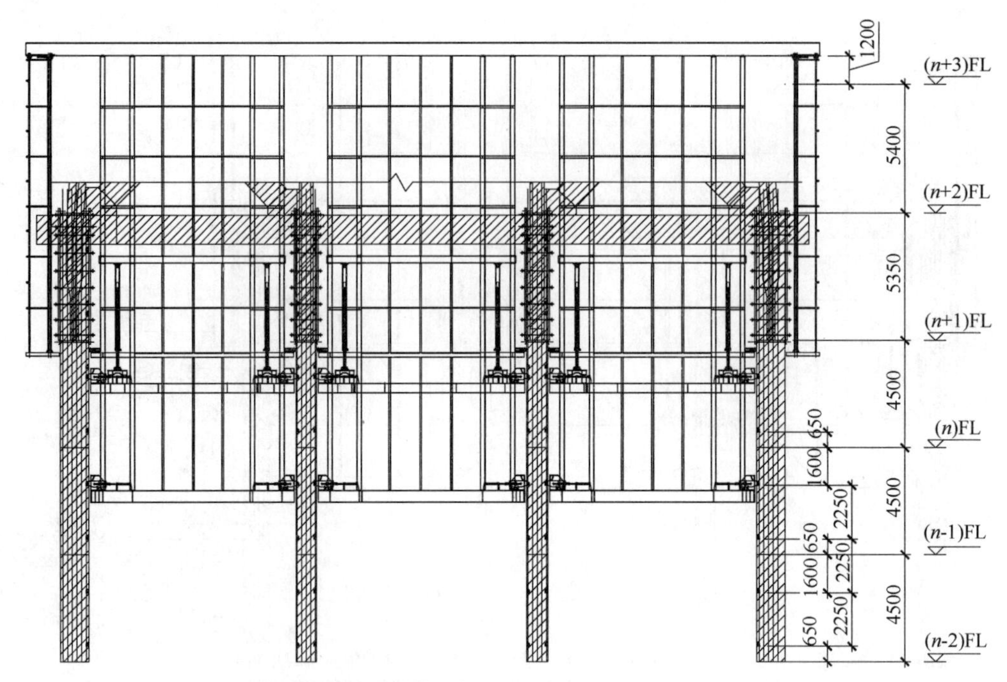


说明：手动提升模板，完成n+1层混凝土浇捣。

($h$)

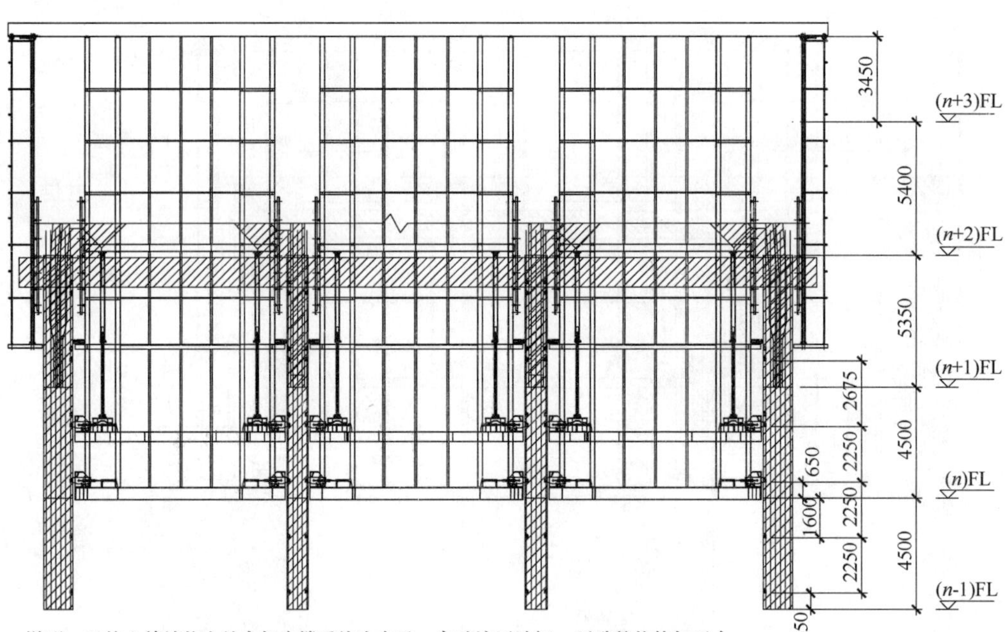


说明：以核心筒墙体上的内架支撑系统为支承，启动液压油缸，顶升整体构架平台2250mm，大模板随构架平台同步爬升。此时，构架平台体系外架系统支承于核心筒上，进行受力转换。

($i$)

图 3-13　过伸臂桁架层施工流程图（五）

（$h$）流程八；（$i$）流程九

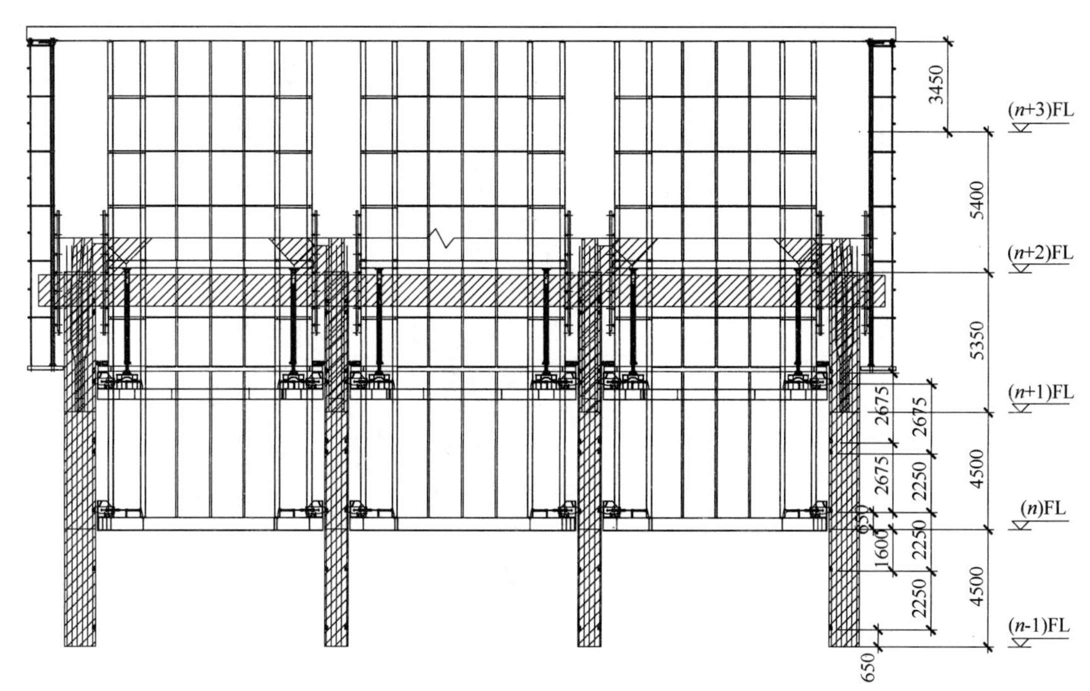


说明：液压油缸回提，带动内架系统同步提升2675mm，内架系统支承于核心筒上，进行受力转换。

(*j*)

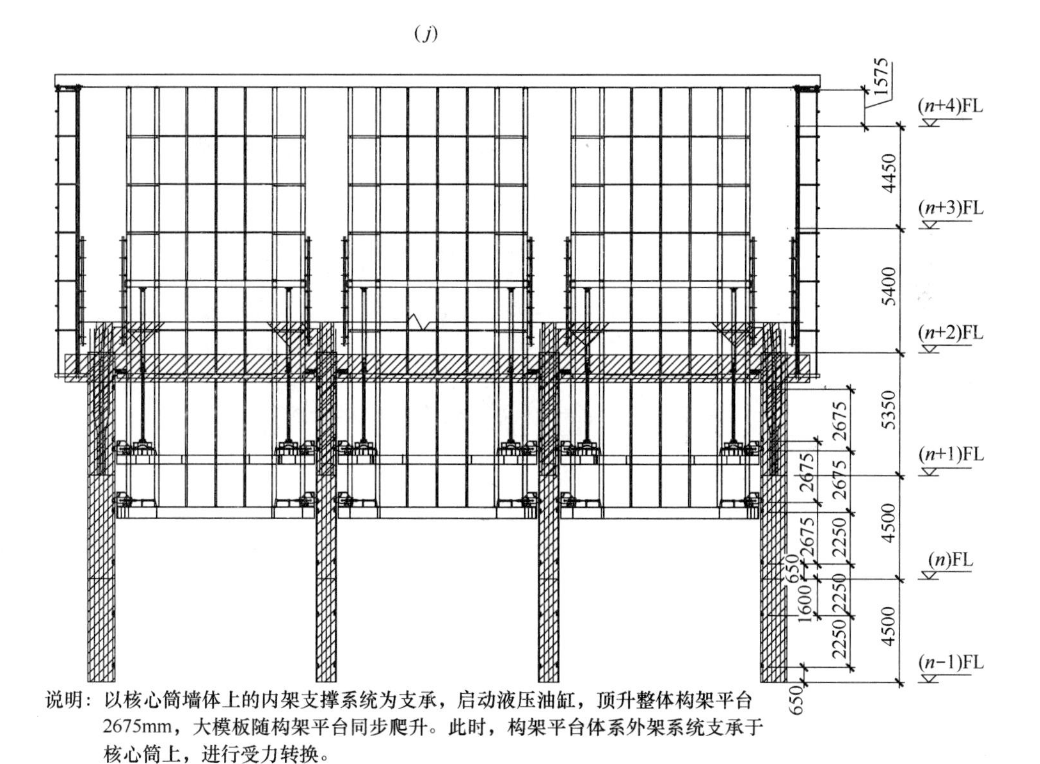


说明：以核心筒墙体上的内架支撑系统为支承，启动液压油缸，顶升整体构架平台2675mm，大模板随构架平台同步爬升。此时，构架平台体系外架系统支承于核心筒上，进行受力转换。

(*k*)

图 3-13　过伸臂桁架层施工流程图（六）

(*j*) 流程十；(*k*) 流程十一

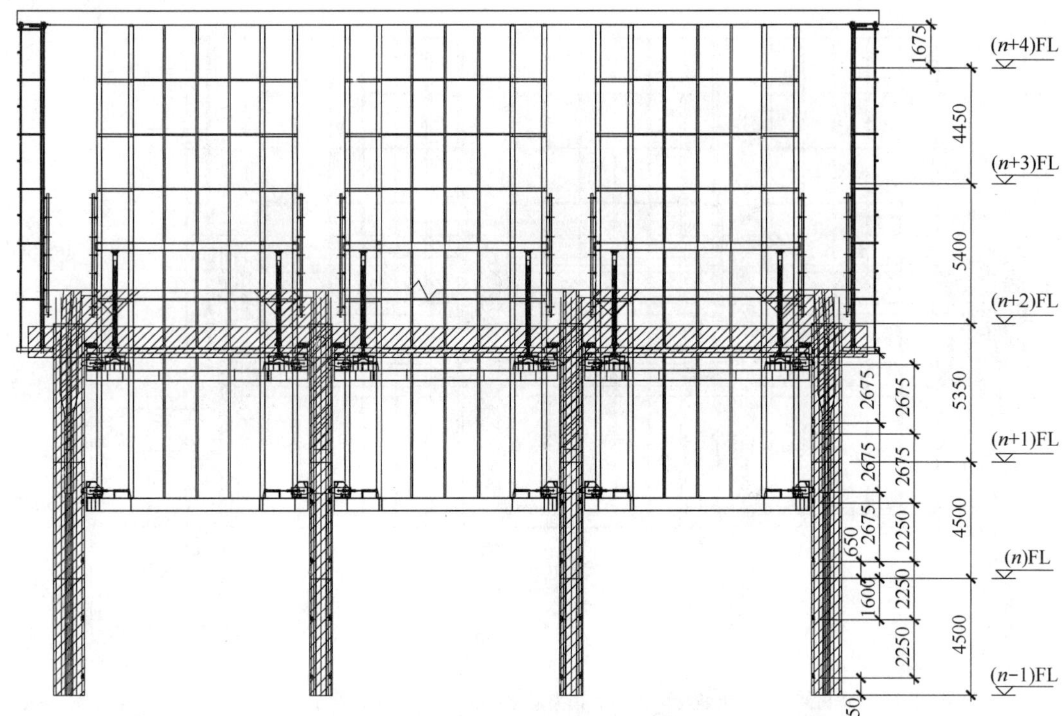


说明：液压油缸回提，带动内架系统同步提升2675mm，内架系统支承于核心筒上，进行受力转换。

($l$)

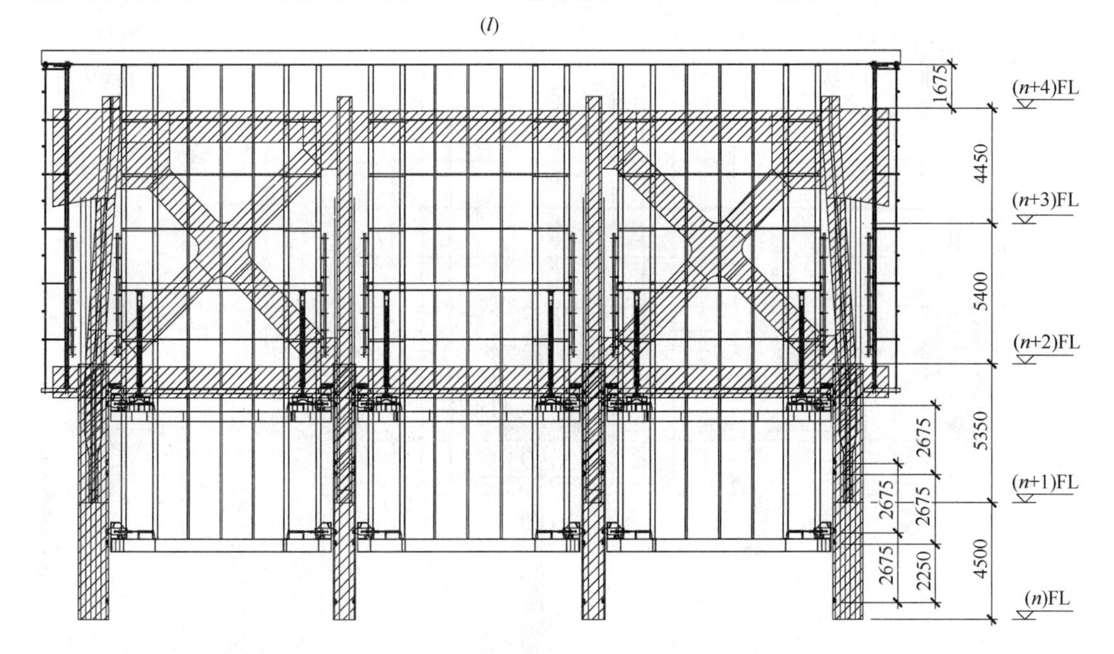


说明：先后拆除中部构架平台东西和南北方向连系钢梁，逐一吊装中部伸臂桁架的斜腹杆和上弦杆，完成后马上恢复拆除的钢梁；然后再拆除井字外部构架平台连系钢梁，吊装外部伸臂桁架的斜腹杆和上弦杆，并绑扎$n$+2层钢筋。

($m$)

图 3-13　过伸臂桁架层施工流程图（七）

($l$) 流程十二；($m$) 流程十三

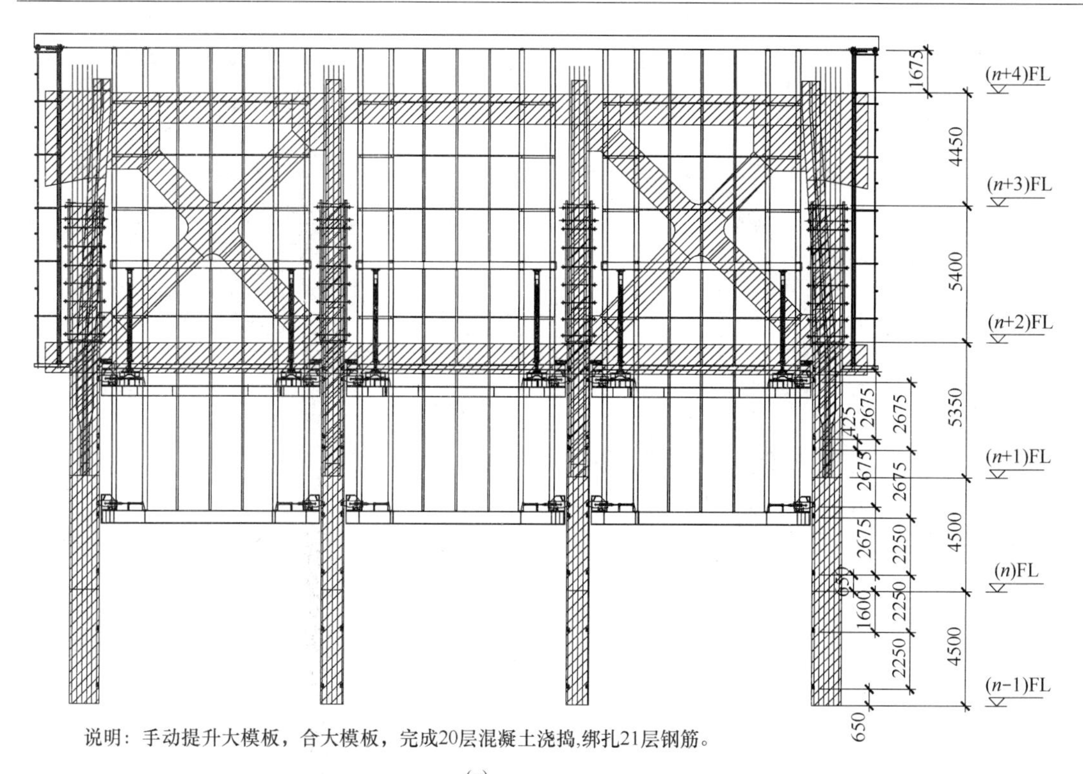


说明：手动提升大模板，合大模板，完成20层混凝土浇捣,绑扎21层钢筋。

(*n*)

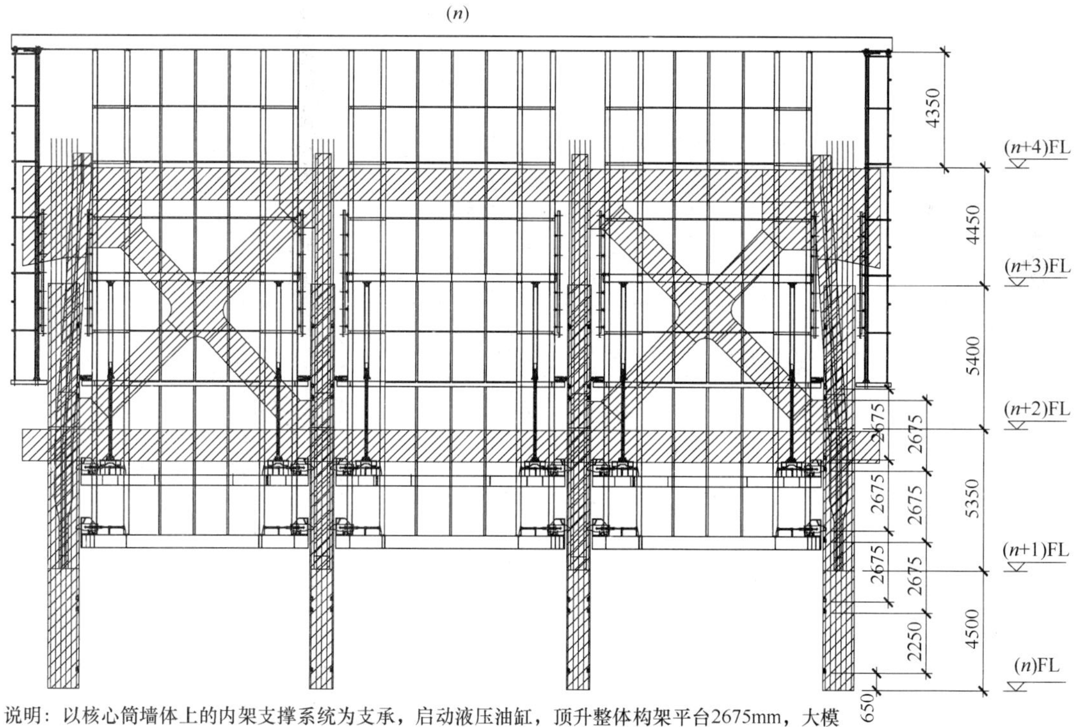


说明：以核心筒墙体上的内架支撑系统为支承，启动液压油缸，顶升整体构架平台2675mm，大模板随构架平台同步爬升。此时，构架平台体系外架系统支承于核心筒上，进行受力转换。

(*o*)

图 3-13　过伸臂桁架层施工流程图（八）

（*n*）流程十四；（*o*）流程十五

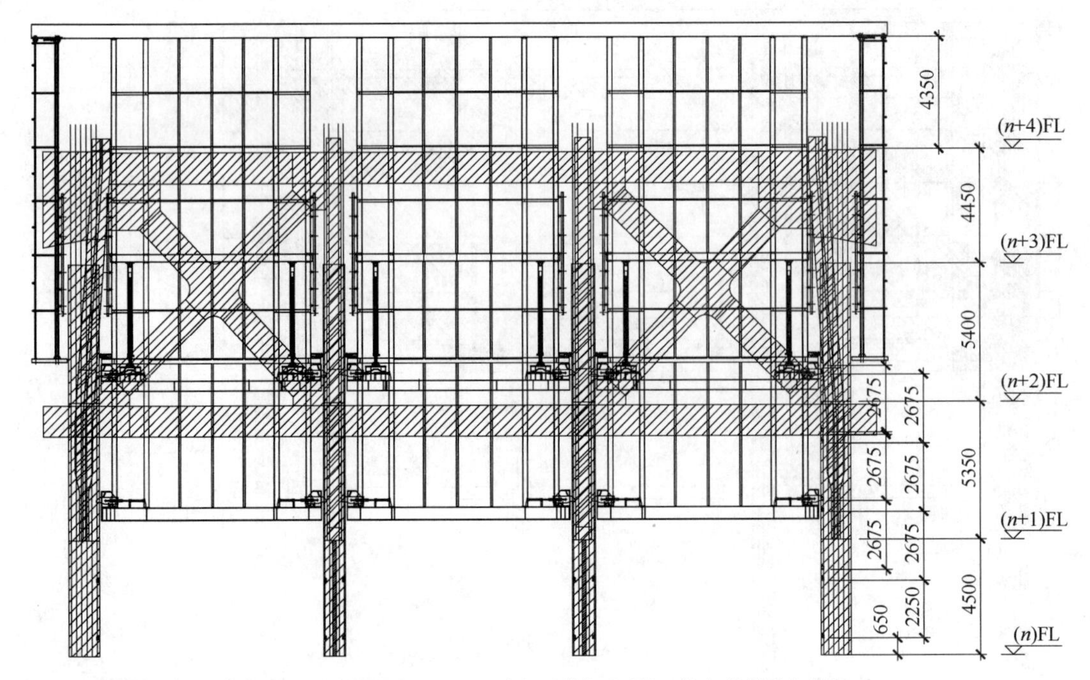


说明：液压油缸回提，带动内架系统同步提升2675mm，内架系统支承于核心筒上,进行受力转换。

(p)

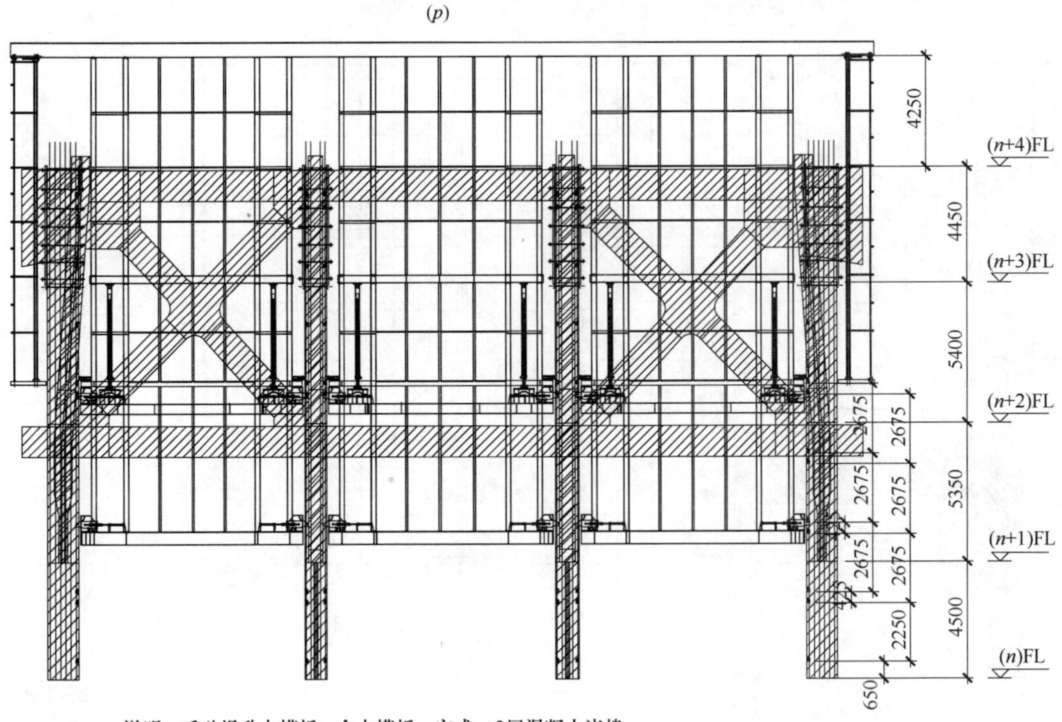


说明：手动提升大模板，合大模板，完成n+3层混凝土浇捣。

(q)

图 3-13 过伸臂桁架层施工流程图（九）

(p) 流程十六；(q) 流程十七

### 3.5.5 过剪力钢板层施工方案

1）13～18 层核心筒施工时，须先拆除剪力钢板所在位置钢平台部分连系钢梁，剪力钢板完成吊装后，再重新安装该部分连系钢梁，从而进入跳爬式液压顶升钢平台脚手模板体系非伸臂桁架层段爬升流程。

2）23～34 层核心筒施工时，已在钢平台设计阶段将连系钢梁避开剪力钢板所处位置，跳爬式液压顶升钢平台脚手模板体系在正常使用和爬升过程中，剪力钢板的吊装对其均不造成影响。

3）50～51 层核心筒施工时，跳爬式液压顶升钢平台脚手模板体系正好处于伸臂桁架层爬升状态，剪力钢板吊装时，先拆除剪力钢板所在位置钢平台部分连系钢梁，剪力钢板完成吊装后，再重新安装该部分连系钢梁。从而进入钢平台体系伸臂桁架层段爬升流程。

## 思　考　题

1. 整体提升钢平台模板由哪几个系统组成？各系统的作用是什么？
2. 详细描述整体提升钢平台模板的支撑系统的结构形式。
3. 详细描述整体提升钢平台模板的提升系统的工作原理。
4. 详细描述整体提升钢平台模板系统的提升过程。
5. 说明整体提升钢平台模板的截面收分技术。
6. 说明整体提升钢平台模板系统空中分体组合施工工艺。
7. 从工艺原理上分析，整体提升钢平台模板系统与液压爬模系统的相同与不同点表现在哪些方面？

# 第 4 章　电动整体提升脚手架技术

液压滑升模板、液压爬升模板和整体提升钢平台模板 3 种工艺在技术上是先进的，但是材料设备一次投入大，施工成本比较高，对于我国这样经济发展水平还不高、劳动力成本比较低的国家，这 3 种模板工艺的市场竞争力不强，仅在少数标志性超高层建筑工程中得到应用，因此长期以来我国量大面广的普通超高层建筑结构施工多以落地脚手架或挑脚手架为操作空间，采用散拼散装模板工艺施工，脚手架搭设工作量大，材料消耗多，安全风险高。为此 1992 年广西壮族自治区第一建筑工程公司曾焕荣、何金章和刘干生等研制了“整体提升脚手架”，并于 1994 年获得国家专利授权（电动升降整体脚手架，专利号：93222658.2），成为具有我国自主知识产权的超高层建筑结构施工模板工程技术。经过多年的不断改进，防坠落、防倾覆和防超载等技术难题都得到成功解决，电动整体提升脚手架模板工程技术日臻完善，已经成为我国应用最为广泛的超高层建筑模板工程技术，许多著名的超高层建筑采用该技术施工，如上海恒隆广场（高 288m）、上海明天广场（高 282m）、广州中信（中天）广场（高 390m）和南京紫峰大厦(高 452m）等。

## 4.1　工艺原理及特点

### 4.1.1　工艺原理

电动整体提升脚手架模板工程技术是现代机械工程技术、自动控制技术与传统脚手架模板施工工艺相结合的产物。电动整体提升脚手架模板系统与传统爬升模板系统的工艺原理相似，也是利用构件之间的相对运动，即通过构件交替爬升来实现系统整体爬升的，主要区别在于电动整体提升脚手架模板系统中模板不随系统提升，而是依靠塔式起重机提升。电动整体提升脚手架模板工程技术是在提升自动控制系统作用下，以捯链为动力实现脚手架系统由一个楼层上升到更高一个楼层位置的。施工总体工艺流程如下：

1）按照设计图纸中的位置预埋提升附墙固定件，浇捣混凝土。

2）待有关楼层混凝土强度达到要求后，拆除模板，安装承重三脚架、捯链、防倾覆和防坠落装置。

3）在自动控制系统作用下，电动葫芦将整个脚手架提升到新的楼层高度。

4）脚手架提升到位后，绑扎钢筋、安装模板、浇捣混凝土，进入下一个流水作业循环。

### 4.1.2　工艺特点

电动整体提升脚手架模板工程技术是传统落地脚手架、散拼散装模板工程技术的重要发展，工作效率显著提高、材料消耗和高空作业明显减少、施工安全风险降低。与其他模板工程技术相比，电动整体提升脚手架模板工程技术具有显著优点：

1）标准化程度高。电动整体提升脚手架模板系统的几乎所有组成部分，如脚手架、承重系统、捯链和自动控制系统都是标准化定型产品，通用性强、周转利用率高，因此具有良好的经济性。

2）自动化程度高。在自动控制系统作用下，以捯链为动力可以实现整个系统同步自动提升。结构施工中塔式起重机配合时间大大减少，提高了工效，降低了设备投入。

3）施工技术简单。除脚手架整体提升技术含量比较高以外，其他工作都属于传统工艺，技术比较简单，适应了我国建筑工人劳动技能状况。

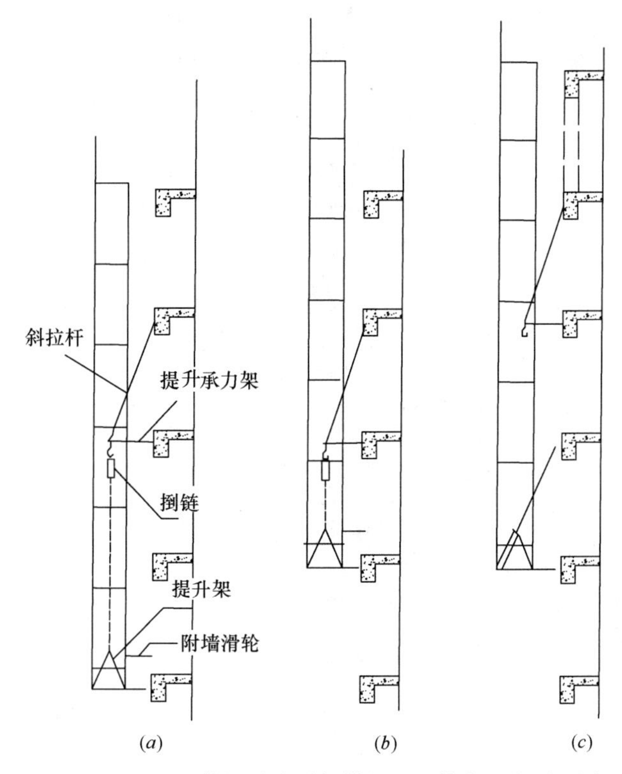


图 4-1　电动整体提升脚手架模板工程技术工艺原理图
（a）提升前；（b）提升；（c）提升后

4）建筑体型适应性强。整体提升脚手架能够像传统脚手架一样，根据建筑体型灵活布置，满足体型复杂的建筑工程如住宅的施工需要，应用面非常广。

5）材料消耗少，成本低。采用挑架附墙，仅需少量预留洞，不需要任何钢材埋入混凝土结构中，因此成本比较低。

正是由于电动整体提升脚手架模板工程技术具有以上显著优点，它才得以在短短几年里得到较快发展，成为我国超高层建筑施工中应用最为广泛的模板工程技术。

当然，电动整体提升脚手架模板工程技术也有一定缺点：

1）安全性比较差。提升下吊点在架体重心以下，存在高重心提升问题，倾覆风险比较高，推广应用阶段发生过多起安全事故。

2）作业面狭窄。施工条件比较差，适合于钢筋混凝土结构，楼板与竖向结构同时施工，以解决材料堆放场地不足。

3）施工工效低。整体提升脚手架系统承载力比较小，模板必须依赖塔式起重机提升，因此施工多采用中小模板散拼散装工艺，施工工效不高。

## 4.2　系统组成

电动整体提升脚手架模板系统主要由模板、脚手架、承重系统（承重三脚架、承重托架、承重桁架、承重框架)、捯链、自动控制系统以及防倾覆和防坠落装置等组成。如图4-2所示。其中模板多为散拼散装木模板，脚手架为钢管扣件式脚手架。承重系统、捯链、自动控制系统以及防倾覆和防坠落装置属关键系统和装置。

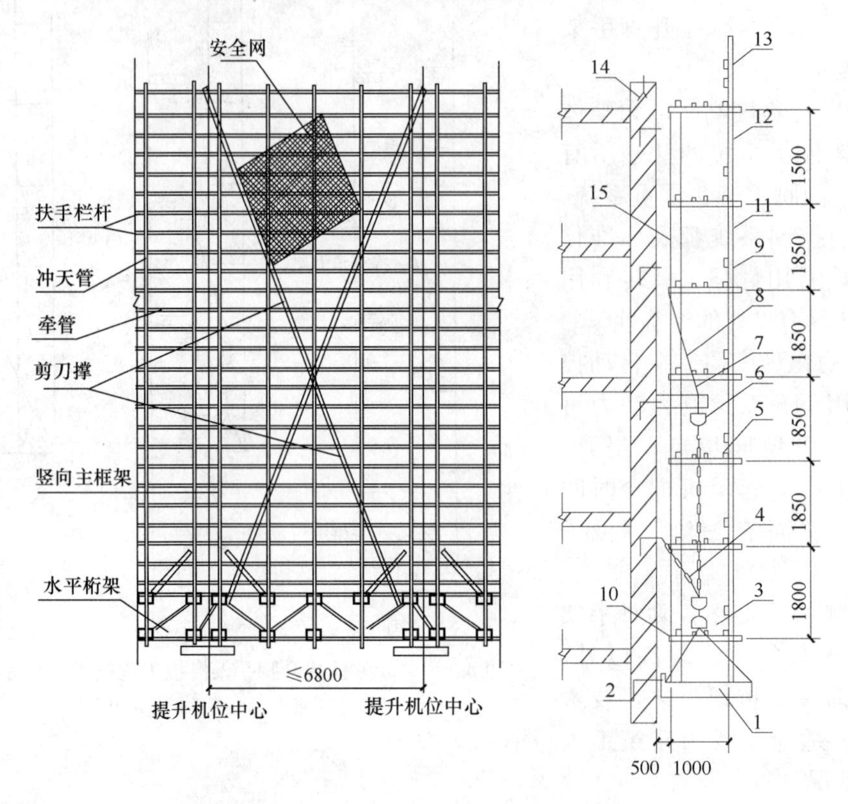


图4-2 电动整体提升脚手架模板系统组成

1—承重托架；2—穿墙螺栓；3—承重桁架；4—花篮螺栓；5—大横杆；6— 捯链；7—承重三脚架；8—拉杆；9—小横杆；10—导向轮；11—立杆；12—安全网；13—栏杆；14—结构墙；15—导管

1）承重三脚架：是整个电动整体提升脚手架依附构架，是捯链悬挂点，所有荷载通过承重三脚架传递到结构墙体，是保障安全的关键环节，由横梁、斜拉杆、花篮螺栓和穿墙螺栓组成。

2）承重托架：承担脚手架自重、施工荷载，为捯链提升吊点和承重桁架搁置点。承重托架呈正方形，一般用角钢焊接而成。承重托架间距受承重桁架最大跨度所控制，一般不超过6.8m。

3）承重桁架：布置在两个托架之间的组装承载桁架，主要承受脚手架自重及施工荷载，多采用$\phi$48×3.5mm钢管焊接或螺栓连接而成。

4）竖向主框架：多采用焊接或螺栓连接的片状框架或格构式结构，起到提高脚手架整体性的作用。

5）捯链：为超低速环链捯链，提升速度不超过0.086m/min，起重量为10t。

6）自动控制系统：具有升降差和荷载控制功能，实现同步提升，防止超载发生。

# 4.3　关键技术

## 4.3.1　防倾覆和防坠落技术

电动整体提升脚手架的吊点设在底部承重托架上，架体重心高于吊点，因此必须采取技术措施防止脚手架倾覆。经过十多年的发展，电动整体提升脚手架的防倾覆技术已经成熟。尽管电动整体提升脚手架的防倾覆技术形式多样，但是技术原理基本相同，即依托上部已施工结构设置滑动支座，同时在脚手架上设置滑动轨道，既保证电动整体提升脚手架升、降自如，又提供了可靠的侧向约束，有效防止脚手架倾覆。如图 4-3 所示的防倾覆装置就以固定于结构上的滑轮组作滑动支座，以槽钢作滑动轨道，结构简单、安全可靠。作为高空作业设施，电动整体提升脚手架必须设置安全装置防止坠落事故发生，保障作业人员的绝对安全。防坠落装置多采用夹钳式防坠落器，布置在每个提升机位处，如图 4-3 所示。在电动整体提升脚手架使用过程中，当捯链起重链断裂时，防坠落装置能够立即制动，将脚手架荷载转移到承重三脚架上，防止坠落事故发生。

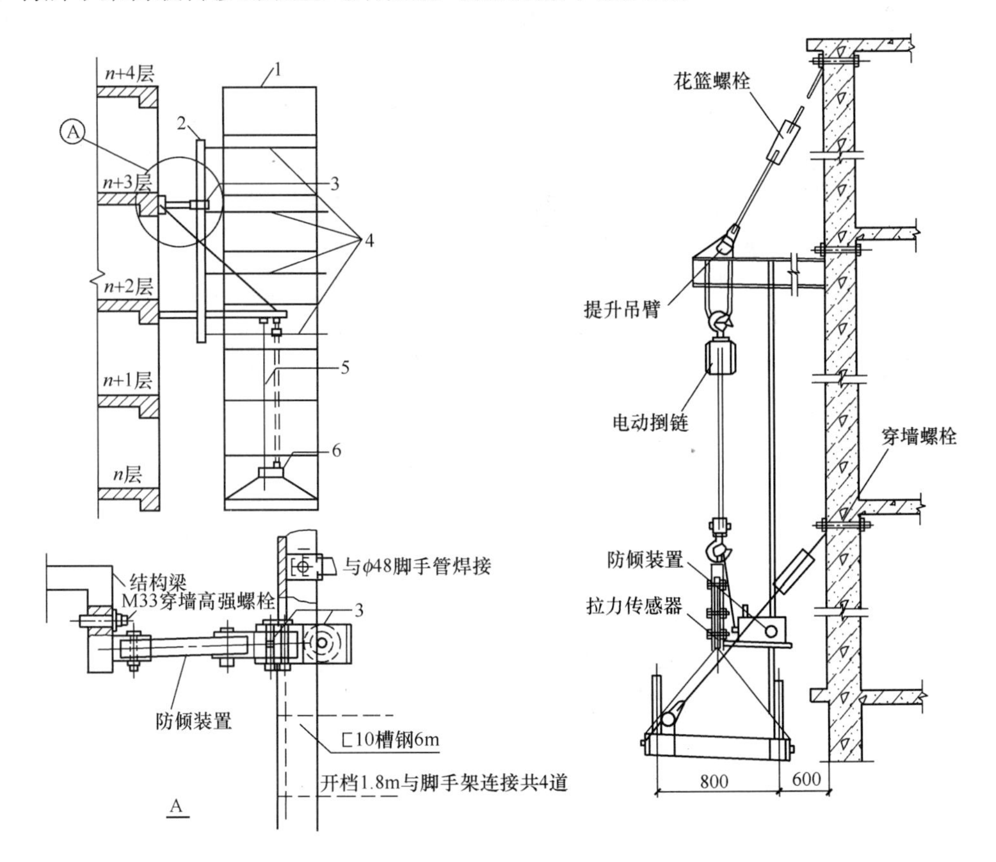


图 4-3　防倾覆和防坠落装置

1—爬架脚手；2—防倾导杆；3—防倾滑轮组；4—防倾导杆固定槽钢；5—制动导杆；6—防坠器

### 4.3.2 同步提升控制技术

电动整体提升脚手架升降采用了群吊工艺，各吊点的动作同步事关脚手架合理受力和使用安全，为此必须配备同步控制系统。同步控制系统一方面要保证所有捯链起止动作同步，同时要确保脚手架升降过程中位移同步。起止同步控制问题比较简单，通过电气控制即可解决。过程同步控制问题则比较复杂，必须采用自动控制技术才能解决。由于直接采用吊点位移进行同步控制系统复杂，成本比较高，因此目前多采用荷载控制来间接实现升降同步控制，如图 4-4 所示。同步控制系统实时监测提升荷载，一旦荷载发生显著变化(超载或失载)，控制系统立即报警，防坠落装置制动，并自动切断捯链电源，停止脚手架升降。

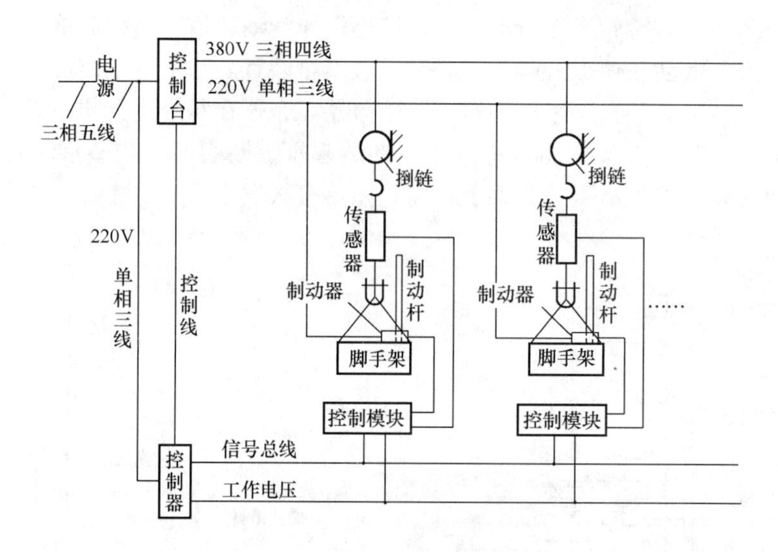


图 4-4 DMCL 电动整体提升脚手架控制系统原理图

## 4.4 工程应用

### 4.4.1 工程概况

铜山街旧改南块项目 7 号楼位于上海市浦东新区，由上海祥大房地产有限公司投资建设，由中建国际（深圳）设计顾问有限公司设计。该工程地上 27 层，总高 99.4m，标准层高 3.25m，结构为框架剪力墙结构，主楼设计有较多圆弧形结构。7 号楼平面图如图 4-5所示。

### 4.4.2 施工工艺

本工程高层施工升降平台拟从 4 层开始使用，共布置 3 组 23 个高层施工升降平台机位，使用 2.4m 折叠式单元 40 个，1.8m 折叠式单元 6 个。直线部分最大机位跨度≤6.0m；转角部位最大机位跨度≤5.4m。高层施工升降平台脚手架平面布置图如图 4-6 所示。

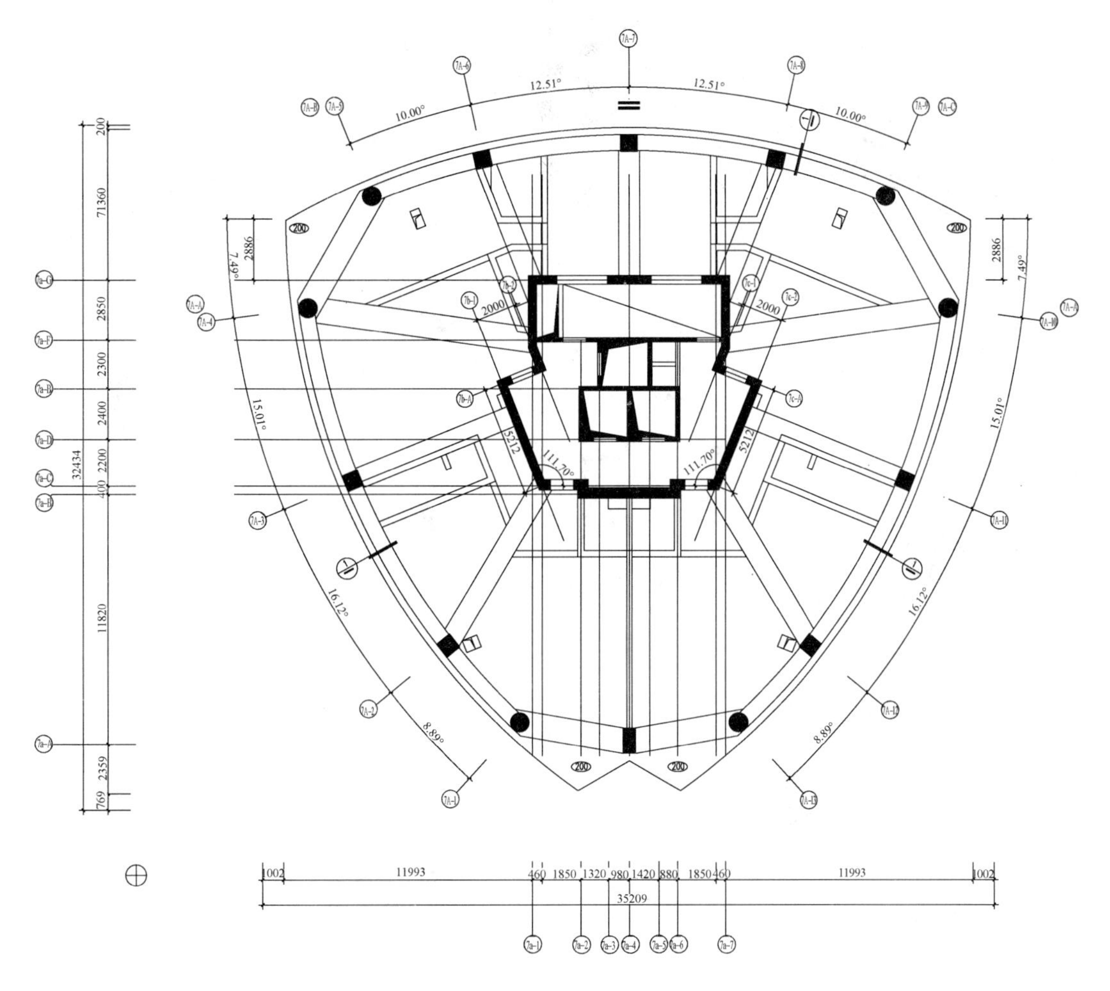

图 4-5 铜山街旧改南块项目 7 号楼平面图

1）附着支座处的预留预埋

从第 4 层开始预留预埋工作，第 5、6 层每机位处只预留附墙固定导向座安装孔，从第 7 层开始每机位每层均预留预埋 2 个孔，另一个孔视提升设备在机位导轨的哪一侧来预留预埋，二孔水平距离在 350～400mm 左右。当外墙楼板面准备浇筑底板梁混凝土时，按照高层施工升降平台机位布置图预留相应安装孔，预留孔使用内径 32mm、壁厚大于 2mm 的 PVC 塑料管即可，管两端用宽胶布封住，以防止混凝土浇灌时进入管内而堵塞预埋孔。

随着主体结构上升，上面各层也应同样预埋，且应保证与下面各层预留孔的垂直度。当主体结构施工至标准层第 7 层时，开始预埋上吊挂件穿墙螺杆孔洞塑料管，预埋时竖直方向一般在结构板底 100mm 处。注意：在埋设时必须垂直于结构外表面，吊挂件附墙螺栓孔与固定导向座附墙螺栓孔相距 350～400mm。预留孔左右位移误差应小于20mm。

固定导向座穿墙螺杆孔洞的预留位置，应该根据机位平面布置图上的平面位置及竖直位置（一般在该层结构板底标高下 100mm）预留。本工程周边均有飘板，故竖直方向预

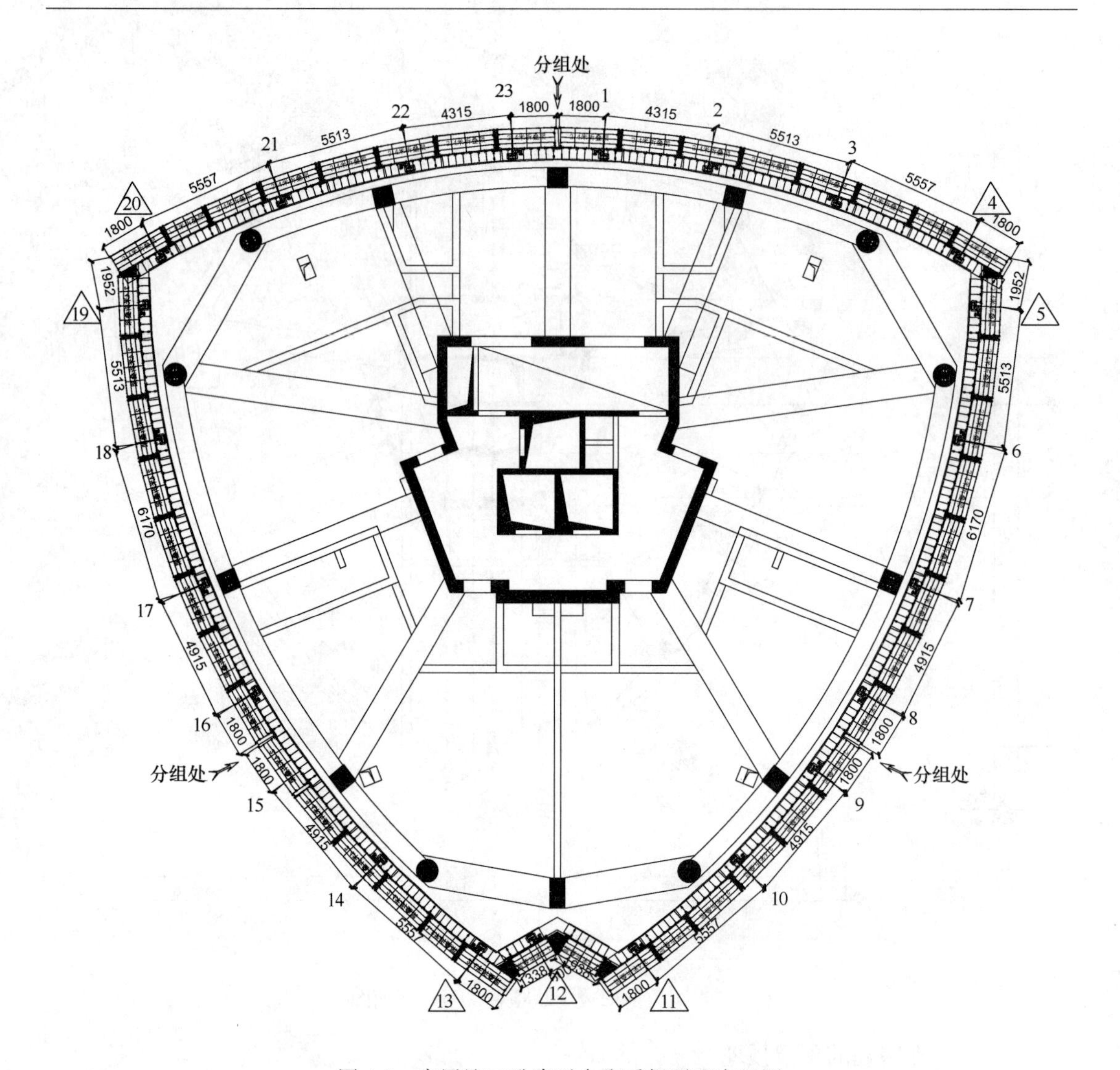


图 4-6 高层施工升降平台脚手架平面布置图

埋内径 $\phi$32mm、壁厚大于 2mm 的 PVC 塑料管。

2）高层施工升降平台的起吊安装

架体的组装按高层施工升降平台平面布置方案的布设图和分段吊装图的顺序逐段进行，组装具体要求为：从架体转角处端部开始，先在地面将架体折叠单元打开，并将脚手板与立杆用螺栓组件可靠连接好并拧紧，将绑实在折叠单元内的斜撑杆用螺栓组件将立杆和脚手板可靠连接并拧紧，将加强横杆靠外立杆处的 2 个螺栓全数安装并拧紧，使架体折叠单元构成可靠的空间承力桁架（见图 4-7）。

在地面将已打开的高层施工升降平台单元按分段吊装要求将待吊装段的 2～3 个高层施工升降平台单元用螺栓组件连接好。

在地面将导轨安装到高层施工升降平台内侧待安装处，装上导轨支架和上部卡座，然后在导轨下部用螺栓组件将下吊点桁架与底层脚手板固定好，再在导轨上部安装捯链挂座，将自动捯链主吊钩钩牢在下吊点桁架上，捯链端安装在捯链挂座上，拧动调节螺栓将

图 4-7　高层施工升降平台在地面成组拼装

链条适当张紧，将附墙导向座穿到导轨上并用扣件固定在合适位置（见图 4-8）。

图 4-8　装好机位的高层施工升降平台

将塔式起重机小吊钩或吊车吊钩钩挂在安装架体折叠单元立杆上部孔内的四处 U 形螺栓吊环内，保证起吊后架体折叠单元基本垂直（见图 4-9）。起吊到平面布置图端部起点的机位处。

校正架体折叠单元两个方向的垂直度，同时应保证架体折叠单元内立杆内侧面距楼板外侧面或墙面的距离为（430±5）mm，并保证架体折叠单元与楼板外侧面法向垂直。吊装到位校正好后立即安装下部 2 个附墙固定导向座，且在每个附墙固定导向座上平面处导轨上安装好 2 个定位承载扣件。

重复上述步骤，逐次进行其他高层施工升降平台吊装段的吊装。当新的吊装段到待安装处时，应首先用导轴将待安装架段与已安装高层施工升降平台侧立杆的孔对齐连接好，一段每层脚手板间里外各连接 2 处。

当吊装到平面布置图中连接板处时，用螺栓组件将连接板和外侧防护钢丝网与架体折叠单元牢固连接好后才吊装另一侧的架体折叠单元。

(*a*)　　(*b*)

图 4-9　起吊架体折叠单元

(*a*) 起吊过程中；(*b*) 起吊后

当吊装到端部或转角阳角处时，折叠单元对外的端部应在地面将端部封网用螺栓组件装在高层施工升降平台端部。

3）高层施工升降平台的升降

高层施工升降平台的升降采用捯链升降，并配设专用电气控制线路，该专用电气控制线路设有漏电保护、错断相保护、过载保护、正反转、单独升降、整体升降和接地保护、自动控制等装置，且有指示灯指示。线路绕建筑物一周架空布设在架体内。

上层需附着固定导向座的墙体结构的混凝土强度必须达到或超过 10MPa 方可进行升降，从上往下数的第二层结构混凝土强度达到 15MPa，第三层结构混凝土强度达到 20MPa。上层需附着预留孔或预埋螺帽件完好，符合要求，能满足及时固定导向座等施工条件要求。

提升时，整栋楼的高层施工升降平台所有机位可同时提升，也可分组分区提升，提升过程中注意导轨垂直度，特别是顶部固定导向座应与其下的 2 个固定导向座同在一个垂直面中并成一条直线，否则暂停提升进行调整。

当提升到底部固定导向座离开导轨后，停止提升并将该固定导向座卸下移往顶部对正导轨处安装好，然后方可继续提升。提升快到位之前，应将所有定位用的固定扣件全数松掉。提升到位停机后，首先将密封板全数封闭好后再及时全数上好定位扣件，然后进行卸荷工作。

发出卸荷指令，提升链条将全部放松，连接在提升链条上的传（动）力捯链环链也随之放松。卸荷完成后可取消传力钢丝绳与升降架的连接。

当取消传力捯链环链与升降架的连接后，才可进行特殊构件的上移工作。

当所有机位可靠卸荷后，可进行捯链工作，捯链时电机反转，自动捯链系统将把传力捯链环链恢复到升降前的状态。一个完整的提升程序便已全面完成。

### 4.4.3　系统设计

1）折叠式升降脚手架（高层施工升降平台）结构主要由附墙导座、导轨主框架、架体折叠单元、提升、防坠、防倾、控制等系统组成。其中：附墙导座、导轨主框架、提升、防坠、防倾、控制等系统同通用智能导座式升降脚手架一致。

2）架体折叠单元由内外立杆、型钢脚手板、斜撑杆、剪刀撑杆、外侧钢丝防护网、外侧密目安全网、内挑翻板等组成，由工厂制作为定型构件并折叠起来以方便运输，现场打开即可迅速吊装就位（见图 4-10～图 4-12）。

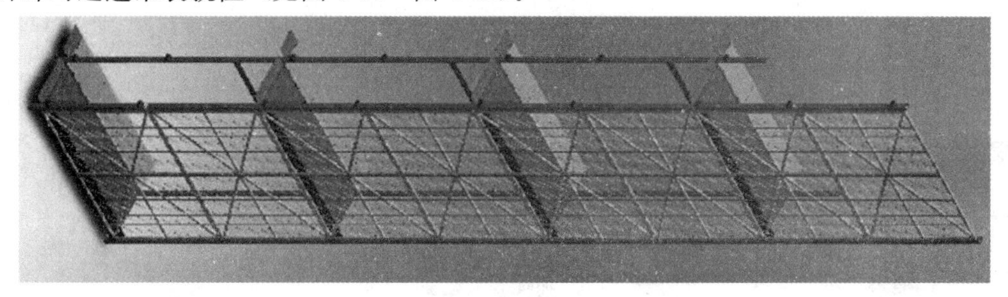

图 4-10　拧紧脚手板，加强横杆、斜杆、立管接长等处所有螺栓组件

(*a*)

(*b*)

图 4-11　打开后的高层施工升降平台

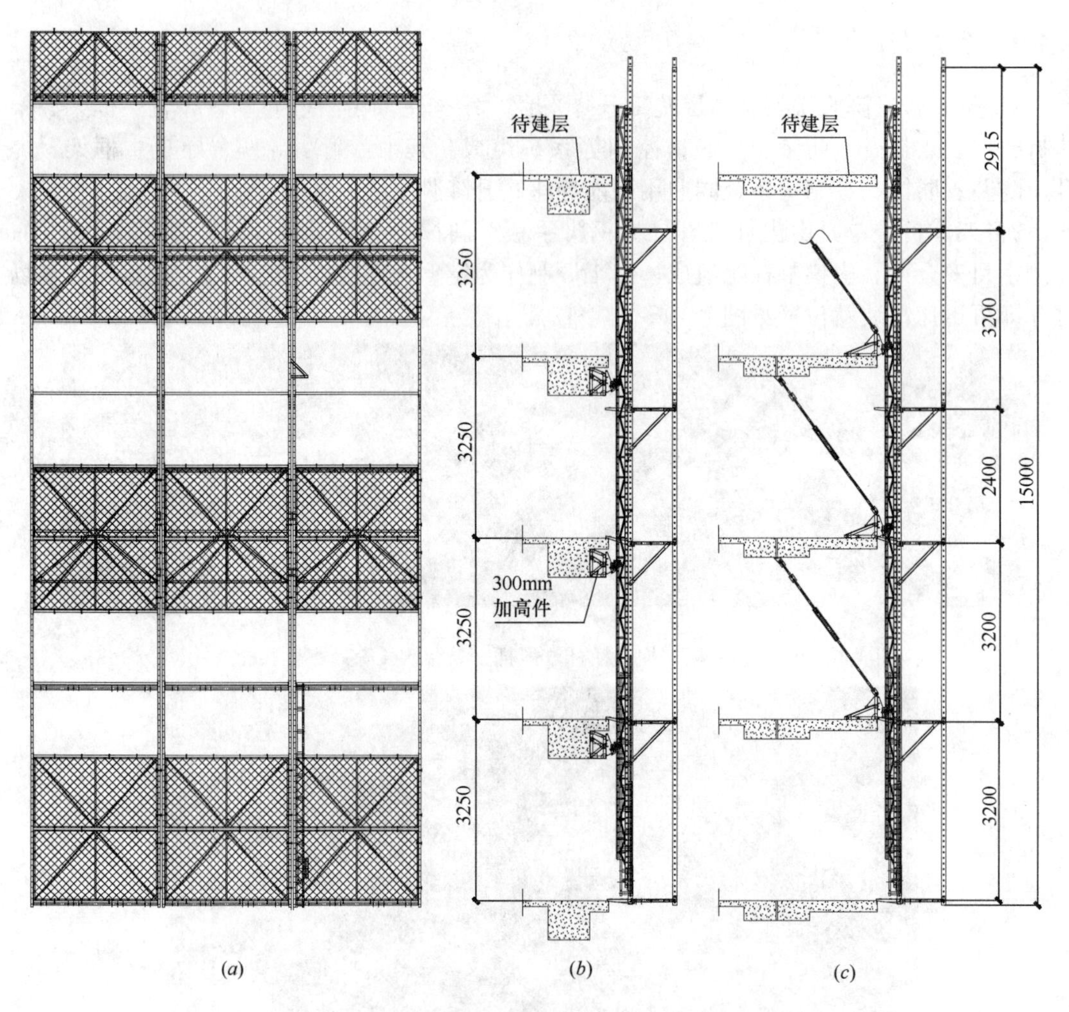


图 4-12 高层施工升降平台正立面和侧立面图
(a) 高层施工升降平台立面图；(b) 正常机位处侧立面图；
(c) 4～5、11～13、19～20 号机位处侧立面图

3）高层施工升降平台内外密封防护

高层施工升降平台内侧用花纹钢板制作为翻板结构与楼面无缝连接，外围用钢丝网全封闭，在高层建筑施工平台上工作如同室内作业一般。如图 4-13、图 4-14 所示。

高层施工升降平台整个外侧均用带框架的定型钢板拉伸菱形孔网全封闭，折叠架架体端部亦用定型钢板拉伸菱形孔网全封闭。如图 4-15 所示。

4）智能提升系统

智能提升系统由重力传感器、智能分机箱及倒挂捯链和上、下吊挂件、捯链装置组成，通过上吊挂件固定在建筑结构上，形成独立的提升体系。如图 4-16 所示。

5）附墙固定导向座（又名转轮式防坠器）

附墙固定导向座由固定导向件和可调导向滑套座组成，附墙固定导向座通过穿墙螺栓（M27 螺栓）与结构混凝土固定，附墙固定导向座可在水平方向微调，以适应预留孔垂线方向的误差，导向滑套座通过螺栓固定在导向件腰形槽上，可在前后方向调节与结构表面

(a)　　(b)

图 4-13　底部密封和内侧防护处理

（a）底部密封；（b）内侧防护

图 4-14　转角处用花纹钢板全部密封

图 4-15　高层施工升降平台外侧和折叠架端部全密封

的距离，导向滑套座有 2 个滑套，导轨的“T”形翼缘的两根立杆插在导向滑套座中，2 个滑套分别约束着导轨翼缘立杆，形成滑套连接。如图 4-17 所示。

附墙固定导向座装置是一种用于防止高层施工升降平台、升降脚手架、升降机等高空坠落的转轮式防坠装置。转轮式防坠装置应用“销齿传动”原理，将导座上的防坠转轮设计成类似齿轮状结构，将导轨上的格栅式防坠杆设计成类似齿条的销型结构，通过防坠转

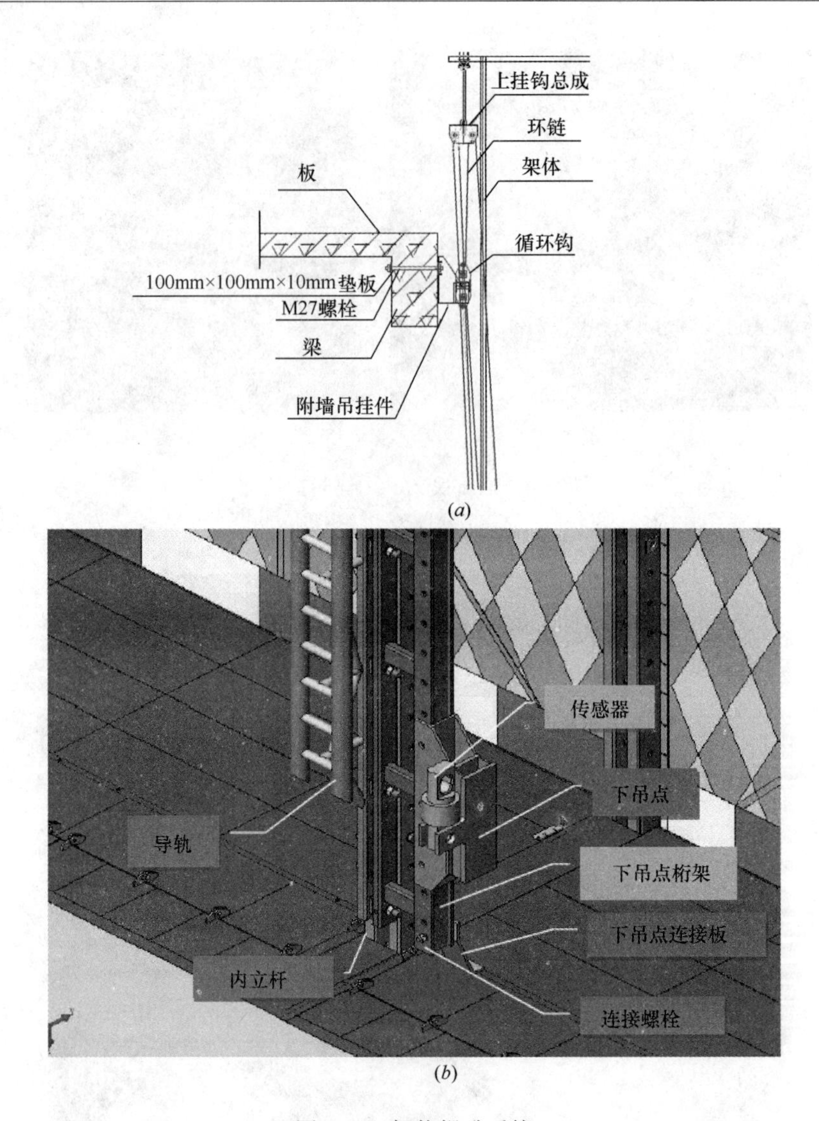


图 4-16　智能提升系统

轮和防坠杆的有机啮合传动，高层施工升降平台可缓慢上升或下降。当防坠转轮停止转动时，则导轨也就不能上下运动。

导向座上的转轮式防坠器包括防坠转轮、转轮轴、轮轴座、滑键。防坠转轮与转轮轴配合的内圆柱面上开设有多个异形键槽；转轮轴固定在轮轴座上，轴上开设有径向滑槽，滑槽内设置有滑键，滑键工作时在防坠转轮的键槽外轮廓面作用下向上运动，在自身重力作用下复位向下。高层施工升降平台缓慢提升和缓慢下降时，导轨上的防坠杆与导向座上的防坠转轮啮合传动，带动防坠转轮缓慢转动，滑键在防坠转轮的轮轴径向滑槽中相应地作缓慢的上下往复运动，防坠转轮可正常转动，使高层施工升降平台正常提升或下降。当高层施工升降平台架体在升降过程中突然下坠时，导轨上的防坠杆带动防坠转轮反向转动，且转动速度突然加快，滑键的上下往复运动被破坏，滑键上端顶入防坠转轮键槽内，防坠转轮即刻自锁制动停止转动，防坠转轮上的外齿卡住导轨上与其啮合传动的防坠杆，防止高层施工升降平台继续坠落，从而起到防止架体坠落的作用。

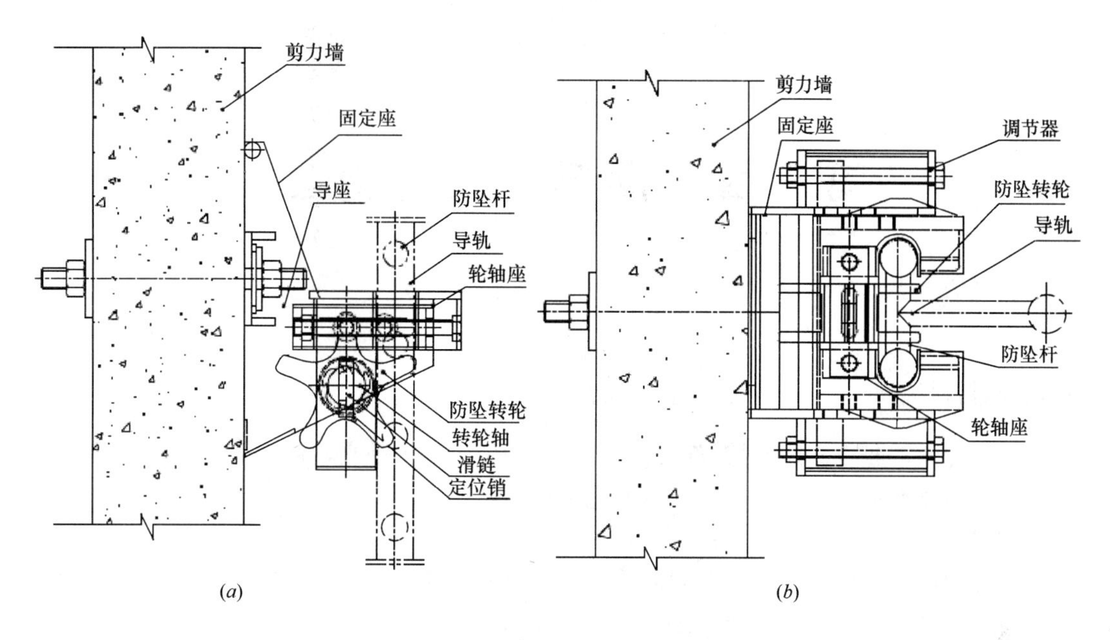


图 4-17 附墙固定导向座组成结构

### 4.4.4 实施效果

高层施工升降平台的架体结构全部在工厂制作，在施工现场展开装配，整体吊装就位，安全快捷，省时、省力、省人工，经济效益明显，同时免除了用钢管搭设、拆除脚手架过程中的高处作业不安全因素。采用的转轮式防坠器，构造简单、安装拆除方便、动作灵敏可靠，适合施工现场的各类环境使用，解决了升降脚手架防坠装置易出隐患的问题，确保做到安全。采用的一体化倒挂捯链提升装置，一次安装，实现了升降过程的机械化自动运行，且降低了作业人员的劳动强度。保证了铜山街旧改南块项目 7 号楼顺利按时竣工。

## 思 考 题

1. 电动整体提升脚手架模板系统的组成及优缺点是什么?

2. 从工艺原理上讲，电动整体提升脚手架模板系统与液压爬模工艺最大的不同表现在哪几个方面?

3. 详细描述电动整体提升脚手架模板系统的爬升过程。

4. 详细说明电动整体提升脚手架模板系统的防坠落工作原理。

# 第5章 混凝土工程施工

## 5.1 混凝土生产

### 5.1.1 原材料选择

超高层建筑混凝土性能的持续改进对原材料的要求越来越高，混凝土生产应当重点从改善混凝土力学性能和工作性能两个方面选择原材料。

**1. 集料**

集料是混凝土的骨架，其性能对混凝土的力学性能和工作性能影响显著。超高层建筑混凝土的生产和施工对集料性能提出了很高的要求。

1）良好的力学性能。超高层建筑混凝土优先使用强度和弹性模量比较高的石灰岩、花岗岩、硅质砂岩和石英岩等碎石作粗集料。粗集料母体岩石的立方体抗压强度应比所配置的混凝土强度高20%以上。配置C70及以上等级混凝土时，细集料含泥量不应大于1.0%，配置C80及以上等级混凝土时，粗集料含泥量不应大于0.5%。

2）优良的几何特性。在高强度混凝土中应优先使用碎石，以改善混凝土的流动性。要严格控制粗骨料最大粒径与输送管径之比：泵送高度在100m以上时，宜为1∶4～1∶5。粗集料应采用连续级配，针片状颗粒含量不宜大于10%。在高强度混凝土的粗集料中，针片状颗粒含量不宜大于5%。细集料宜采用中砂，细度模数不宜小于2.6，通过0.315mm筛孔的砂不应少于15%。

**2. 水泥**

水泥在混凝土中发挥胶结作用。水泥和水形成水泥浆，包裹在集料表面并填充集料间的空隙。水泥浆体在硬化前起润滑作用，使混凝土拌合物具有良好的工作性能，硬化后将集料胶结在一起，形成坚强的整体。超高层建筑混凝土多使用硅酸盐水泥、普通硅酸盐水泥或矿渣水泥。

**3. 掺合料**

活性掺合料对改善混凝土的性能有意想不到的效果。一是显著改善混凝土的施工性能，尤其是提高它的可泵性；二是可以大大地提高混凝土的强度和密实性；三是一些掺合料能与水泥水化生成的氢氧化钙结合，能显著地提高混凝土的强度和耐久性。我国目前已经开发使用的活性掺合料主要有粉煤灰、矿渣微粉以及硅灰等。

**4. 外加剂**

超高层建筑混凝土使用的外加剂主要有减水剂、引气剂、缓凝剂以及泵送剂，其中减水剂是最重要的外加剂。根据减水效果，减水剂分为普通减水剂（减水率在10%以内）和高效减水剂（减水率在10%以上）。自1962年日本花王石碱公司研制成功萘系高效减水剂以来，先后发展了密胺系高效减水剂、氨基磺酸盐系高效减水剂、脂肪族高效减水剂、聚羧酸系高效减水剂等品种。其中萘系和密胺系高效减水剂是目前世界上使用最广泛的高效减水剂，聚羧酸系减水剂则是目前世界上推广应用最快速的高效减水剂。

### 5.1.2　配合比设计

**1. 设计原则**

混凝土配合比设计必须遵循技术可行、经济合理的原则。

1）强度富裕原则

混凝土的试配强度必须高于设计强度。超出值取决于试验的标准方差和变异系数。当无可靠的强度统计数据和标准差数值时，混凝土的配制强度应不低于设计强度的1.15 倍。

2）低用水量原则

在满足混凝土工作性能的条件下，应尽量减少用水量，增加集料与水泥石界面之间的黏结力及钢筋与混凝土之间的握裹力。

3）适宜水胶比原则

较高的水泥用量和较低的用水量是制备高性能混凝土的前提条件。高性能混凝土的水胶比决定于设计强度、外加剂减水效果等因素，应控制在 0.25～0.40 之间。

4）适宜砂率原则

砂率主要影响混凝土的工作性能。适宜砂率取决于混凝土拌合物的坍落度、黏聚性及保水性等工作性能。对泵送高强度混凝土，砂率的选用要考虑可泵性要求，一般为 34%～44%。

5）掺合料优化原则

掺合料既能改善混凝土的性能，又能节约水泥，降低混凝土成本。但是掺合料品种和数量对混凝土性能和成本影响显著，因此必须通过试验确定掺合料最优组合和最佳掺量。

**2. 设计指标**

混凝土的性能主要表现在工作性能、力学性能和物理性能等方面。为保证超高程泵送施工顺利进行，超高层建筑混凝土必须具有良好的工作性能。混凝土的工作性能是指混凝土的流动性、黏聚性和保水性等。准确测定混凝土拌合物的工作性能比较困难，目前一般采用坍落度法，评价指标为坍落度 $S$ 或扩展度 $D$。对不同泵送高度，入泵时混凝土的坍落度应满足表 5-1 的要求。另外，压力泌水试验也是评定混凝土可泵性的有效方法，一般10s 时的相对压力泌水率 $S_{10}$ 不宜超过 40%。

**不同泵送高度入泵时混凝土坍落度选用值　　表 5-1**

| 泵送高度（m） | 30 以下 | 30～60 | 60～100 | 100 以上 |
|---|---|---|---|---|
| 坍落度（mm） | 100～140 | 140～160 | 160～180 | 180～200 |

**3. 设计方法**

混凝土配合比设计中，4 个基本变量即水泥、水、细集料和粗集料，可分别用 $C$、$W$、$S$ 和 $G$ 表示每立方米混凝土中的用量（$kg/m^3$）。配合比设计实质上就是确定水泥、水、砂与石子这4项基本组成材料用量之间的比例关系，即：水灰比（$W/C$）、砂率（$S_p$）和单位用水量（$W_0$）。为了达到混凝土配合设计指标要求，关键是要控制好水灰比（$W/C$）、单位用水量（$W_0$）和砂率（$S_p$）3个比例参数。

在满足混凝土设计强度和耐久性的基础上，选用较大的水灰比；在满足施工和易性的基础上，尽量选用较小的单位用水量。合理砂率的确定原则为：砂子能够填满石子的空隙并略有富余。应尽可能选用最优砂率。

进行混凝土配合比设计时首先要正确选定原材料品种、检验原材料质量，然后按照混凝土技术要求进行初步计算，得出“试配配合比”；经试验室试拌调整，得出“基准配合比”；经强度复核（如有其他性能要求，则须作相应的检验项目）定出“试验室配合比”；最后根据现场原材料（如砂、石含水率等）修正“试验室配合比”从而得出“施工配合比”。

### 5.1.3　混凝土生产质量控制

高性能混凝土的生产需要更加严格的质量控制，才能保证性能满足设计和施工需要。一要控制原材料质量。集料须级配良好，并且严格控制含泥量。粗集料含泥量一般不超过1%，配置C80及以上强度等级的混凝土时，含泥量不应大于0.5%。细集料含泥量一般不超过1.5%，配置C70及以上强度等级的混凝土时，含泥量不应大于1.0%。二要提高配料精度。对于高性能混凝土，水灰（胶）比的微小变化都会引起强度的较大波动，因此必须严格控制水灰（胶）比。三要优化投料顺序。外加剂、硅粉等必须在混凝土中充分分散，才能发挥应有的作用。四要适当延长搅拌时间。由于高强度混凝土含有较多的胶凝材料，不易拌合，适当延长搅拌时间往往是必要的。当采用粉剂外加剂时，还应适当延长搅拌时间（不少于30s）。

## 5.2　混凝土超高程泵送

混凝土作为建筑材料已有100多年的历史，但是大规模应用于高层、超高层建筑则是在20世纪60年代以后得益于混凝土输送工艺与设备的快速发展。目前超高层建筑施工中运用比较多的混凝土垂直运输主要有混凝土泵送和塔式起重机吊运。泵送混凝土技术1907年首创于德国，它以混凝土泵为动力，以管道为通道进行混凝土水平和垂直输送，具有机械化程度高、输送能力大、快速高效和连续作业等优点，现已成为超高层建筑混凝土施工中最重要的一种方法。

### 5.2.1　泵送工艺

超高层建筑混凝土泵送工艺有接力泵送工艺和一泵到顶工艺，目前应用最广泛的是一泵到顶工艺。

1）接力泵送工艺

接力泵送工艺是利用2台或2台以上混凝土泵接力将混凝土泵送到超过单台混凝土泵送能力的高度。接力泵送工艺应用范围越来越小。

2）一泵到顶工艺

一泵到顶工艺是利用一台混凝土泵将混凝土直接泵送到施工所需高度。一泵到顶工艺具有工效高、施工组织比较简单等优点，因此成为应用最广泛的超高层建筑混凝土泵送工艺。

### 5.2.2　泵送设备

1）混凝土泵选型与布置

（1）混凝土泵选型

在全面分析施工所需的最大输送距离和最大输出量的基础上确定混凝土泵的型号。首先要确保混凝土泵的输送能力满足工程最大输送距离要求。混凝土泵送管道系统设计完成后，混凝土最大输送距离一般可以按表 5-2 计算确定。其次要确保混凝土泵的输出能力满足工程最大输出量要求。

**混凝土输送管的水平换算长度**　　**表 5-2**

| 类别 | 单位 | 规格 | 水平换算长度（m） |
|---|---|---|---|
| 向上垂直管 | 每米 | 100mm | 3 |
| | | 125mm | 4 |
| | | 150mm | 5 |
| 锥形管 | 每根 | 175→150mm | 4 |
| | | 150→125mm | 8 |
| | | 125→100mm | 16 |
| 弯管 | 每根 | $R$=0.5m<br>90°<br>$r$=1.0m | 12<br><br>9 |
| 软管 | 每 5～8m 长的 1 根 | | 20 |

（2）混凝土泵配置

混凝土泵的配置数量应根据混凝土浇筑数量、单机的实际平均输出量和施工作业时间按下式计算确定：

$$N_2 = Q/(Q_0 \cdot T_0)$$

式中　$N_2$——混凝土泵数量，台；

$Q$——混凝土浇筑数量，$m^3$；

$Q_0$——每台混凝土泵的实际平均输出量，$m^3/h$；

$T_0$——混凝土泵送施工作业时间，h。

当工程特别重要时，混凝土泵的配置应在计算数量基础上留有余地，配置 1～2 台备用泵，以防混凝土泵发生故障产生质量事故。

2）输送管道系统

混凝土输送管道系统应根据工程特点、施工场地条件和混凝土浇筑方案设计。应按输送距离最短原则设计输送管道系统，减少弯管和软管的使用。混凝土输送管应具有与泵送条件相适应的强度。输送管的接头应严密，有足够强度，并能快速装拆。在同一条管线中，应采用相同管径的混凝土输送管道；管线宜布置得横平竖直。垂直向上配管时，地面水平管道长度不宜小于垂直管道长度的1/4，且不宜小于15m。在混凝土泵V形管出料口3～6m处的输送管道根部应设置截止阀，以防混凝土反流。

### 5.2.3　施工技术

为确保超高层建筑混凝土泵送施工顺利进行，必须采取针对性技术措施。

1）充分准备。泵送前应用水湿润泵的料斗、泵室、输送管道等与混凝土接触的部分，检查管路无异常后采用水泥砂浆润滑管道系统。

2）连续供给。混凝土泵送过程中，宜保持混凝土连续供应，尽量避免送料中断。若遇混凝土供应不及时，应放慢泵送速度。

3）谨慎操作。开始泵送时泵机应处于低速运转状态，待泵送顺利后方可提高到正常输送速度。当混凝土泵送困难、泵的压力突然升高时，可用槌敲击管路找出堵塞的管段，采用正反泵点动处理或拆卸清理。

## 5.3　上海中心大厦的工程应用

### 5.3.1　工程概况

上海中心大厦总用地面积约30368m²，总建筑面积约574058m²，其中地上总建筑面积约410139m²。主楼地下5层，地上120层，总高度632m。

主楼为钢筋混凝土和钢结构组合而成的混合结构体系。竖向结构包括核心筒和巨型柱，水平结构包括楼层钢梁、楼面桁架、带状桁架、伸臂桁架以及组合楼板。主楼层高为4.35～6.40m不等。

核心筒为钢筋混凝土结构，总高度约574m，底部平面为约30m×30m的方形结构，沿高度方向有4次体型变化；在设备避难层的核心筒墙体内暗埋伸臂桁架，通过核心筒外围伸臂桁架与巨型柱连接。钢筋混凝土巨型柱内含劲性钢柱，沿高度向建筑中部倾斜，包括超级柱SC1和角柱SC2。SC1共8根，延伸至547m高度；SC2共4根，延伸至319m高度。本工程混凝土采用一泵到顶的施工方案。

### 5.3.2　主楼混凝土泵送设备

1）混凝土输送泵

（1）556m高度以下混凝土浇筑采用2台HBT90CH-2150D型混凝土固定泵，另外配备1台备用泵；556m高度以上采用1台HBT90CH-2150D型混凝土固定泵，另外配备1台备用泵。固定泵平面布置详见图5-1。

（2）HBT90CH-2150D型混凝土固定泵的出口压力是世界上最大的，理论混凝土输送量在24MPa压力下为90m³/h，在48MPa压力下为50m³/h。

（3）HBT90CH-2150D型混凝土固定泵采用2台柴油机分别驱动2套泵组。应用双泵技术，在1组出现故障时，另1组仍可继续进行工作，避免输送中断造成质量事故。这种双动力结构既可同时工作，也可单独作业，大大提高了施工过程的可靠性。混凝土固定泵参数见表5-3。

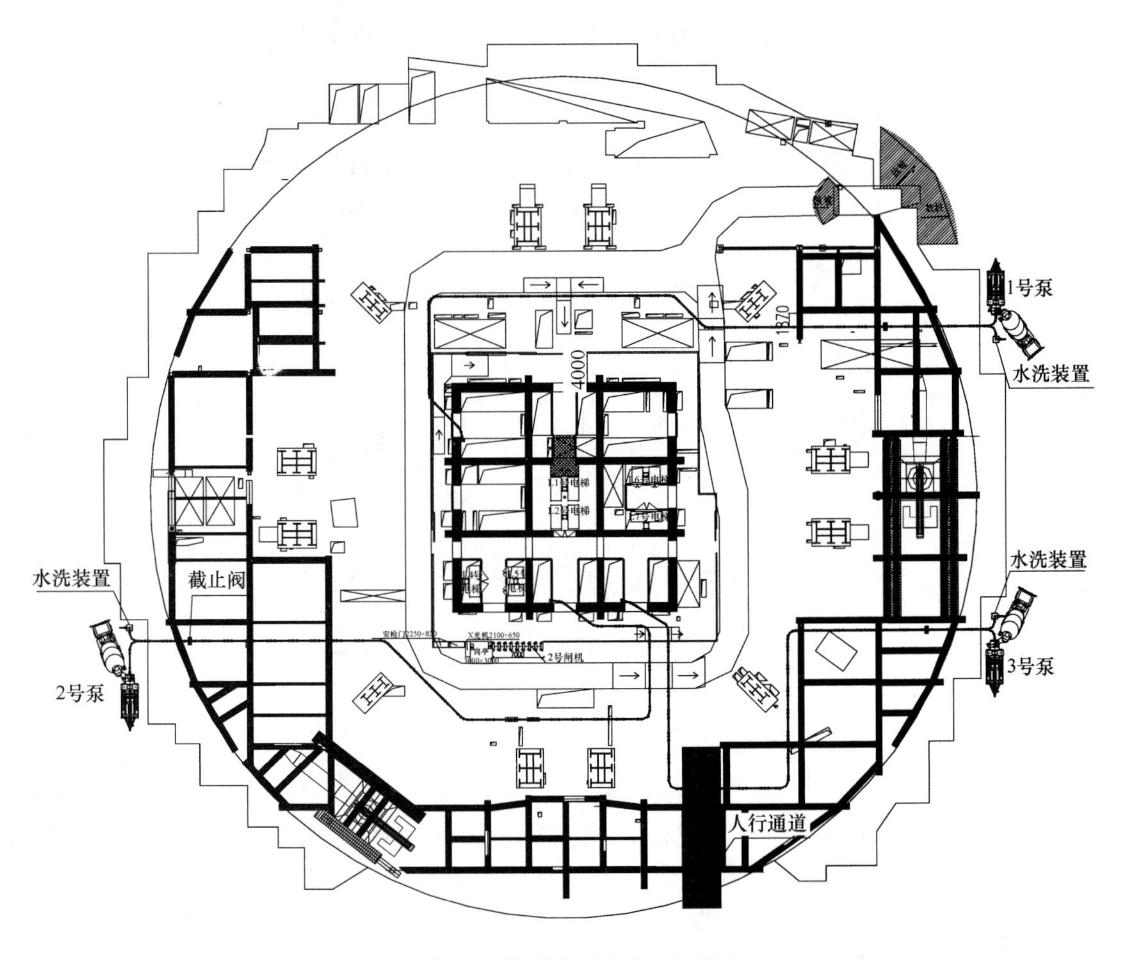


图 5-1 主楼固定泵平面布置图

**混凝土输送泵技术参数** **表 5-3**

| 技术参数 | | HBT90CH-2150D |
|---|---|---|
| 整机质量 | kg | 13500 |
| 外形尺寸 | mm | 7930×2490×2950 |
| 理论最大输送量 | $m^3/h$ | 90(低压)/50(高压) |
| 理论混凝土输送压力 | MPa | 24(低压)/48(高压) |
| 输送缸直径×行程 | mm | $\phi$180×2100 |
| 主油泵排量 | $cm^3/r$ | (190+130)×2 |
| 柴油机功率 | kW | 273×2 |

2）混凝土输送泵管

(1) 混凝土泵管采用内径 150mm 的超高压泵管，泵管壁厚为 10mm，采用两种耐磨合金钢复合材料制作。

(2) 超高压泵管采用 O 型密封圈结构，泵管采用活动法兰螺栓进行紧固连接，承载压力在 50MPa 以上。为了控制混凝土浇筑，另外配备混凝土泵管截止阀。

(3) 采用 3 套输送管路浇筑混凝土，每套管道总长约 700～750m。

（4）地面水平管长度：1号管道水平管长102m，2号管道水平管长100m，3号管道水平管长98m。

（5）每套垂直管道分别在38F、43F、66F、70F、92F、97F通过布置2个缓冲弯管进行转换，并在2个弯管中间加一根1m的直管。1号竖向泵管具体布置详见图5-2。

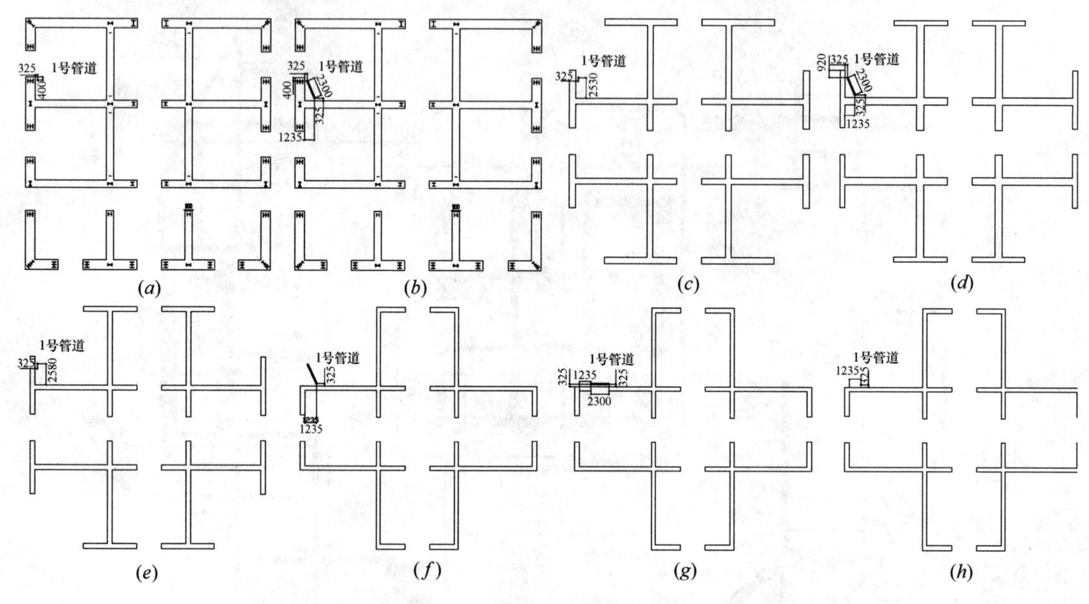


图5-2 1号竖向泵管布置图

（*a*）1-37F 1号管道平面位置图；（*b*）38-43F 1号管道平面位置图；（*c*）44-65F 1号管道平面位置图；（*d*）66-70F 1号管道平面位置图；（*e*）71-81F 1号管道平面位置图；（*f*）82-91F 1号管道平面位置图；（*g*）92-97F 1号管道平面位置图；（*h*）98-121F 1号管道平面位置图

布管说明：1. 竖向泵管道共三路；

2. 每一套竖向管道在固定泵出料处和2层楼面各安装一个截止阀；

3. 每套竖向管道在38F、43F、66F、70F、92F、97F通过布置2个弯管进行水平转换；

4. 每套竖向管道固定埋件将根据现场实际情况进行微调；

5. 每套泵管的附墙拉结件长短尺寸将根据墙体收分作相应调整，以保证泵管整体的垂直度。

（6）在泵的出口端和2楼安装截止阀，阻止垂直管道内混凝土回流，便于设备保养、维修与水洗。

（7）泵管采用刚性连接的方式固定在混凝土结构上，每根管用2个混凝土管固定装置固定，底部采用混凝土墩支撑。

（8）垂直管道的安装与固定。每根管用2个泵管固定装置固定牢固，泵管固定装置距离法兰500mm。

（9）从14层起每隔3层搭设一个检修平台。

3）顶升装置

顶升装置（见图5-3）用于泵管检修，当核心筒楼板及外围结构浇混凝土时，对竖向泵管进行分离。

4）HGD28布料机

HGD28布料机是一种楼面安装布料机，采用全液压控制技术，主楼核心筒混凝土结

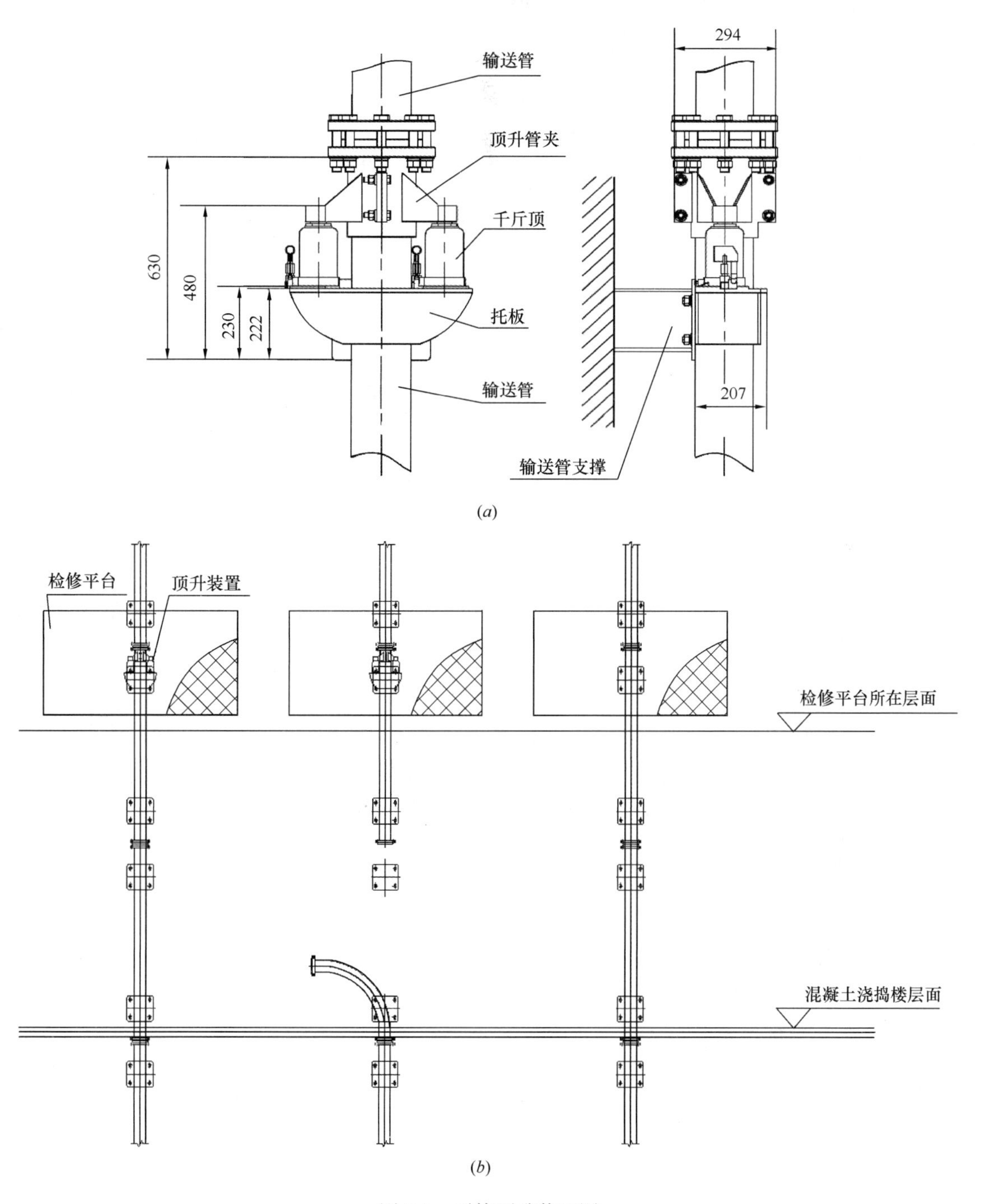


图 5-3　泵管顶升装置图

构混凝土浇捣采用 2 台 HGD28 布料机布料，最大布料半径可达 28m，布料机安装在顶升钢平台的东南角和西北角。

5）泵管水洗装置

在泵旁边搭建一个清洗架，用于回收残留混凝土和砂浆，见图 5-4。

制作 2 个料斗（约 2～3$m^3$），用于承接顶升钢平台上清洗布料机后的废料。

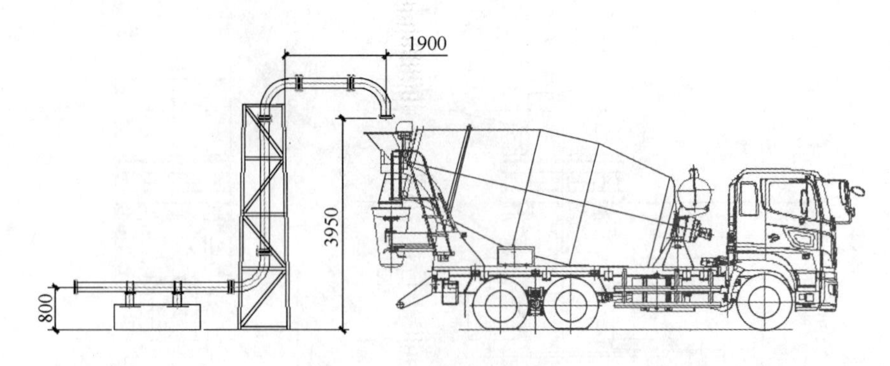


图 5-4 泵管水洗装置

泵管水洗方法具体步骤如下：

(1) 混凝土泵送完成后，泵送一定量的砂浆，再泵送水，将管道中的混凝土全部推至浇筑地点；

(2) 关闭泵出口的截止阀，用泵出口与截止阀之间的分流阀将管道切换至水洗装置，打开截止阀，利用管道内砂浆的自重回流至搅拌车中；

(3) 再泵送至浇捣面后重复步骤 (2)；

(4) 最后单独清洗混凝土泵。

### 5.3.3 混凝土性能设计

1) 混凝土配合比设计

(1) 水泥采用低碱、中热 P. II52.5 硅酸盐水泥，其物理性能指标符合规范要求。

(2) 矿粉采用 S95 矿粉，其物理性能指标符合规范要求。

(3) 粉煤灰采用Ⅱ级磨细粉煤灰，其物理性能指标符合规范要求。

(4) 粗骨料根据混凝土输送高度要求，采用质地坚硬、级配良好、含泥量不大于 0.5%、泥块含量不大于 0.2%、针片状颗粒含量不大于 8%的 5～20mm 的碎石，细骨料通过 0.315mm 筛孔的颗粒含量不小于 15%，其他物理性能指标符合规范要求。

(5) 外加剂采用聚羧酸系减水剂，使预拌混凝土具有较好的坍落度保持性及较高的早期强度，同时与水泥适应性较好，其性能指标符合规范要求。

(6) 水采用符合规范要求的拌合用水。

(7) 因混凝土配合比随气候等因素会有调整，故以浇筑混凝土当天实际配合比为准。

2) 核心筒混凝土

采用粉煤灰和矿渣活性掺合料，取代部分水泥；采用专用的低碱、中热 P. II52.5 硅酸盐水泥配置 C60 低水化热混凝土。核心筒 22 层以下、85 层以上各层采用 5～20mm 精品石子配置的自密实混凝土，22～84 层采用 5～20mm 石子配置的普通混凝土。不同高度采用的混凝土配合比见表 5-4。

3) 巨型柱混凝土

采用粉煤灰和矿渣活性掺合料，取代部分水泥；采用专用的低碱、中热 P. Ⅱ52.5 水泥配置低水化热混凝土。巨型柱 13 层以下、85 层以上各层采用 5～20mm 精品石子配置的自密实混凝土，14～84 层采用 5～20mm 石子配置的高流态混凝土。不同高度采用的混凝土配合比见表 5-5～表 5-7。

**不同高度采用的混凝土配合比　　表 5-4**

| 高度（m） | 原材料（kg/m³） | | | | | | | 备注 |
|---|---|---|---|---|---|---|---|---|
| | 水 | 水泥 | 矿粉 | 粉煤灰 | 砂 | 石 | 外加剂 | |
| | 自来水 | P. Ⅱ 52.5 | S95 | Ⅱ级 | 中砂 | 5～20mm | 聚羧酸系 | |
| 0～103.5（1～22F） | 165 | 365 | 100 | 80 | 780 | 900 | 5.50 | 自密实混凝土 |
| 103.5～393.3（22～84F） | 160 | 340 | 100 | 90 | 690 | 1020 | 5.04 | 普通混凝土 |
| 393.3 以上（84F 以上） | 170 | 385 | 90 | 90 | 770 | 890 | 6.00 | 自密实混凝土 |

**C70 混凝土不同高度采用的配合比　　表 5-5**

| 高度（m） | 原材料（kg/m³） | | | | | | | 备注 |
|---|---|---|---|---|---|---|---|---|
| | 水 | 水泥 | 矿粉 | 粉煤灰 | 砂 | 石 | 外加剂 | |
| | 自来水 | P. Ⅱ 52.5 | S95 | Ⅱ级 | 中砂 | 5～20mm | 聚羧酸系 | |
| 0～65.8（1～14F） | 165 | 400 | 100 | 80 | 760 | 890 | 6.00 | 自密实混凝土 |
| 65.8～173.7（14～37F） | 170 | 420 | 100 | 80 | 680 | 950 | 6.40 | 高流态混凝土 |

注：自密实混凝土扩展度 650＋/－50mm；高流态混凝土扩展度 550＋/－50mm。

**C60 混凝土采用的配合比　　表 5-6**

| 高度（m） | 原材料（kg/m³） | | | | | | | 备注 |
|---|---|---|---|---|---|---|---|---|
| | 水 | 水泥 | 矿粉 | 粉煤灰 | 砂 | 石 | 外加剂 | |
| | 自来水 | P. Ⅱ 52.5 | S95 | Ⅱ级 | 中砂 | 5～20mm | 聚羧酸系 | |
| 173.7～393.3（37～84F） | 160 | 360 | 95 | 80 | 720 | 980 | 6.42 | 高流态混凝土 |

注：高流态混凝土扩展度 550＋/－50mm。

**C50 混凝土采用的配合比　　表 5-7**

| 高度（m） | 原材料（kg/m³） | | | | | | | 备注 |
|---|---|---|---|---|---|---|---|---|
| | 水 | 水泥 | 矿粉 | 粉煤灰 | 砂 | 石 | 外加剂 | |
| | 自来水 | P. Ⅱ 52.5 | S95 | Ⅱ级 | 中砂 | 5～20mm | 聚羧酸系 | |
| 393.3 以上（84F 以上） | 170 | 335 | 100 | 80 | 790 | 920 | 5.50 | 自密实混凝土 |

注：自密实混凝土扩展度 650＋/－50mm。

### 5.3.4　混凝土泵送控制

1）泵送性能控制指标

为了保证混凝土能填充钢筋模板各个边角，形成均匀致密的结构，混凝土应具有较高的流动性和良好的变形能力。在控制好混凝土坍落度的情况下，还应以扩展度、流淌时间等指标进一步综合评价和控制混凝土的可泵性。混凝土出厂和泵送前测试上述3项指标，作为生产控制的一项手段。

2）粗细骨料级配控制

粗骨料采用5～20mm连续级配，各粒级的颗粒必须在级配区内，精品5～20mm石子针片状颗粒含量不宜大于3%，普通5～20mm石子针片状颗粒含量不宜大于8%，同时严格控制粗骨料的最大粒径与输送管径之比；细骨料采用中砂，控制通过0.315mm筛孔的颗粒含量，这样有利于改善混凝土的流动性和变形性能，提高混凝土的工作性能。

3）复合高效聚羧酸系减水剂应用

为了控制新拌混凝土在运输、等待过程中的坍落度和扩展度的损失，采用具有增稠、保塑、引气功能的复合高效聚羧酸系减水剂。针对不同泵送高度，在保证混凝土的强度和耐久性能的基础上，及时对外加剂掺量进行调整，使混凝土具有良好的流动性。

4）复合外掺料的叠加效应

使用粉煤灰和矿粉外掺料，改善胶凝材料的颗粒级配，利用其形貌效应改善新拌混凝土的流动性能，提高抗离析及保水性能。特别是粉煤灰中含有一定数量的玻璃微珠，在水泥浆中具有类似轴承的效果，可提高水泥浆体的流动性，对减少坍落度经时损失较为有利。

## 思 考 题

1. 超高层建筑施工对混凝土有哪些要求？
2. 简述混凝土超高程泵送工艺及其所需要的设备。
3. 超高层建筑施工用混凝土材料及配合比设计的原则有哪些？
4. 简述超高层建筑混凝土输送工艺。
5. 简述上海中心大厦混凝土施工的关键技术。

# 第6章 钢结构框架安装技术

## 6.1 概述

### 6.1.1 施工特点

在超高层建筑钢结构中，框架以承受竖向荷载为主，施工具有以下三大特点：一是总体而言吊装技术难度比较小。除地面附近外，大部分钢结构框架的构件断面不大，构件比较轻，吊装难度相对较小。二是在地面附近，钢结构框架构件承受的竖向荷载比较大，因此断面比较大，构件比较重，吊装难度相对较大。三是在地面附近，吊装作业条件较高空更优越，吊装设备选型余地比较大。

### 6.1.2 安装工艺

超高层建筑钢结构框架安装多采用高空散拼安装工艺，即逐层（流水段）将钢结构框架的全部构件直接在高空设计位置拼成整体。根据使用的吊装设备不同，超高层建筑钢结构框架安装工艺又分为塔式起重机高空散拼安装工艺和履带吊结合塔式起重机高空散拼安装工艺。

1）塔式起重机高空散拼安装工艺

以塔式起重机为主要吊装设备，采用高空散拼安装工艺逐流水段安装钢结构框架。该工艺是超高层建筑钢结构安装的传统工艺，也是应用最为广泛的超高层建筑钢结构框架安装工艺。该工艺具有设备来源广，安装成本低的优点。但是该工艺受塔式起重机起吊能力的限制，适应构件重量变化的能力比较低，当钢构件重量变化比较大时，塔式起重机选型就比较困难。对于构件重量随高度剧烈变化的超高层建筑工程，近地面钢构件重，高空钢构件轻，塔式起重机选型不可避免存在矛盾：如果选用起重能力较大的塔式起重机，可以比较容易地解决近地面重型钢构件吊装难题，但是进入高空轻型钢构件吊装阶段，塔式起重机的起重能力就有很大富裕，造成较大浪费；如果选用起重能力较小的塔式起重机，高空轻型钢构件吊装成本得到控制，但是近地面重型钢构件吊装就存在很大困难，构件分段长度势必受到很大限制，现场焊接量大大增加。因此塔式起重机高空散拼安装工艺适用于构件重量随高度变化不大的超高层建筑钢结构框架工程。

2）履带吊结合塔式起重机高空散拼安装工艺

首先以履带吊（或履带吊和塔式起重机）为主要吊装设备，采用散拼安装工艺安装地面附近钢结构框架，然后以塔式起重机为主要吊装设备，采用散拼安装工艺逐流水段安装高空钢结构框架。该工艺适应了目前超高层建筑钢结构构件重量随高度变化剧烈的新形势，解决了钢结构构件重量变化剧烈的超高层建筑钢结构框架工程塔式起重机选型的难题。一方面充分利用地面作业的有利条件，发挥履带吊起重能力强的优势，克服了地面附近钢结构重型构件吊装的困难；另一方面由于近地面重型钢构件可以由履带吊承担，因此塔式起重机选型主要受高空轻型钢构件控制，塔式起重机配置大大降低，减少了设备投入。该工艺具有设备来源广、安装成本低的优点，因此近年来应用越来越多，如上海环球金融中心和广州新电视塔等工程都采用了履带吊结合塔式起重机高空散拼安装工艺吊装钢结构框架。

## 6.2　工程应用

### 6.2.1　上海环球金融中心

**1. 工程概况**

上海环球金融中心总建筑面积 381600m²，地下 3 层，主楼地上 101 层，建筑高度达 492m，是目前国内最高的超高层建筑。该工程采用核心筒＋巨型框架结构体系，外围巨型框架结构由巨型柱、巨型斜撑和带状桁架组成，核心筒由内埋钢骨及桁架和钢筋混凝土组成。从第 18 层开始，每 12 层设置 1 道 1 层高的带状桁架，在 28～31 层、52～55 层、88～91 层设置 3 道伸臂桁架将核心筒与外围巨型框架连为一体，如图 6-1 所示。

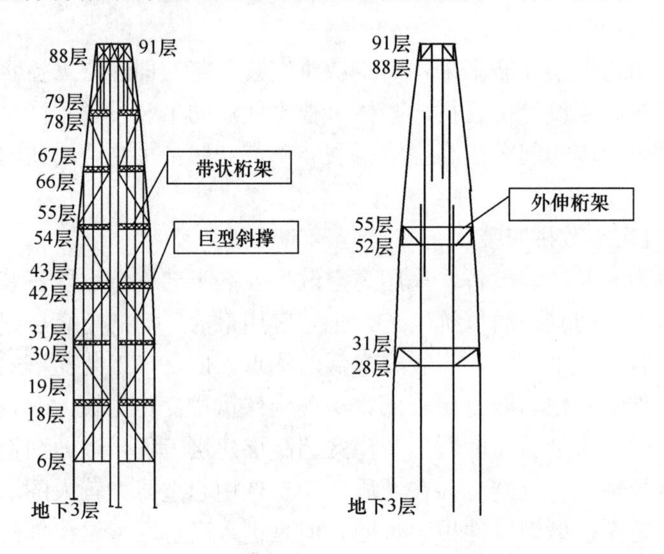


图 6-1　上海环球金融中心结构体系

**2. 施工特点**

上海环球金融中心钢结构框架安装具有以下特点：

1）构件多。钢结构构件分布在 57.95m×57.95m 宽、492m 高的整个建筑空间中，构件总数约 60000 件，总质量达 67000t，安装工作量非常大。

2）构件重。巨型结构体系中的许多钢构件断面大，比如巨型斜撑就是由 100mm 厚钢板焊接而成的箱形构件，高达 1600mm，构件重达 2.5t/m，安装技术难度大。

3）焊接难。巨型结构体系中的许多钢构件采用了特厚钢板，大量钢板厚度超过 60mm，最大板厚达 100mm，焊接难度大。优化构件分段，减少现场焊接工作量对加快施工速度具有重要意义。

**3. 施工工艺**

根据钢结构特点和塔式起重机进场计划，本工程钢结构安装采用了两种工艺：

1）B3～F5 层，采用履带吊结合塔式起重机高空散拼安装工艺。由于地面附近钢结构构件重量大，同时 2 台 M900D 塔式起重机还未进场，因此采用 150t 履带吊安装外围巨型钢柱，采用 M440D 塔式起重机安装剩余钢构件。

2）F6 层以上楼层，采用塔式起重机高空散拼安装工艺。以 2 台 M900D 和 1 台 M440D 塔式起重机为吊装设备，采用逐流水段高空散拼安装工艺进行钢结构安装。2 台 M900D 和 1 台 M440D 塔式起重机都布置在核心筒内，如图 6-2 所示。钢结构构件根据塔式起重机的起重能力和运输条件进行分段。

因混凝土核心筒结构先施工，外围框架钢结构在平面上分为 2 个区段：先安装巨型柱与混凝土核心筒相连的区段，然后安装巨型柱与巨型柱之间的区段，如图 6-3 所示。混凝土核心筒刚度大，与之相连的巨型柱通过楼层主梁与次梁固定，在校正完成后形成三角形的局部稳定体。

图 6-2　塔式起重机平面布置

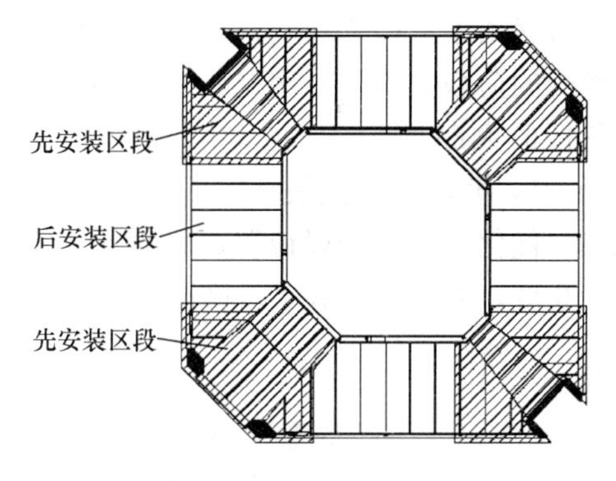


图 6-3　平面施工区段划分

**4. 施工技术**

1）核心筒劲性柱双机抬吊

本工程核心筒剪力墙为劲性结构，内置钢骨。73 层以下核心筒剪力墙内的钢骨为独立三角柱、箱型桁架柱和伸臂桁架部位 3 层高的劲性桁架，这些劲性钢结构构件重量比较小，都采用塔式起重机高空散拼安装工艺施工。但是，在核心筒 74～77 层，即地面以上高度为 320.15～332.75m 时，核心墙体内有 4 个箱型内埋桁架柱比较重，总长 12.6m，单位长度质量达 3.04t/m，总重 38.3t，属于大型超重构件。

一般情况下，当塔式起重机起重能力能够满足吊装工艺要求时，钢结构构件多采用单机吊装工艺安装，这样施工技术简单。但是受塔式起重机起重能力限制，构件分段长度相对较小，钢结构构件分段数量相应增加。这样一方面增加了施工工期，另一方面增加了焊接难度和工作量。因此在综合比选的基础上，为减少构件分段数量和现场焊接工作量，缩短工期，制定了 M440D 和 M900D 两台塔式起重机双机抬吊的施工工艺。整个核心筒 74～77 层箱型内埋桁架柱 3 层为一节，工厂制作，双机整体吊装，如图 6-4 所示。为控制失稳风险和合理分配吊装荷载，根据 M440D 和 M900D 两台塔式起重机起重能力，设计了吊装用钢扁担，如图 6-5 所示。

图 6-4　双机抬吊实况

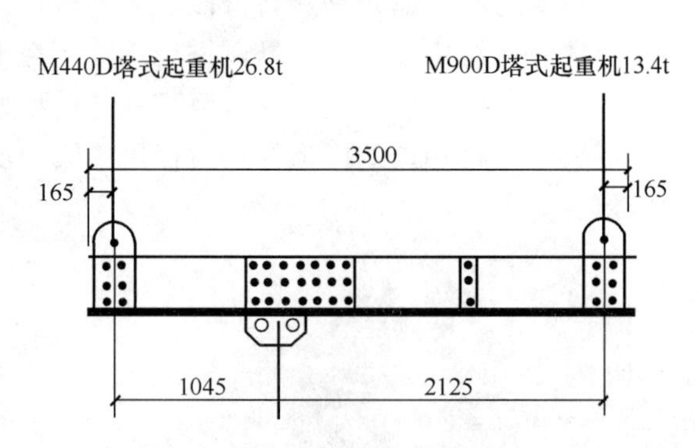


图 6-5　钢扁担吊重分配示意图

2）带状桁架构件分段优化

带状桁架将每 12 层的楼层荷载传递到巨型柱，因此承受的荷载特别大。根据受力特点，带状桁架不同部位构件断面和钢板厚度差异很大。一般而言上下弦杆承受的荷载较腹杆承受的荷载大得多，因此带状桁架上下弦杆截面大，使用的钢板厚。本工程带状桁架上下弦杆最大断面为 $1200mm^2$，使用的钢板最大厚度达到 100mm。而腹杆最大断面为 $800mm^2$，使用的钢板最大厚度为 60mm。根据本工程带状桁架构件断面和钢板厚度变化规律，优化了构件分段位置，尽可能将构件分段设置在弦杆与腹杆之间，延长上下弦杆的加工长度，如图 6-6 所示。这样大大减少了现场焊接作业量，加快了施工进度。

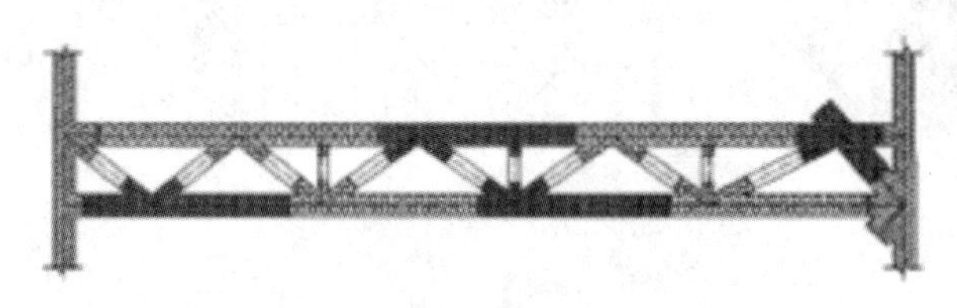

图 6-6　带状桁架分段示意图

3）外伸桁架附加内力控制

分布在 28～31 层、52～55 层、88～91 层的 3 道外伸桁架将核心筒与外围巨型框架连为一体。每道外伸桁架由 8 榀桁架组成，高达 3 层楼高，抵抗核心筒与外围巨型框架间差异变形能力很强。为了控制施工期间核心筒与外围巨型框架间差异变形引起的外伸桁架附加内力，采用了两阶段安装法。外伸桁架钢构件一次安装到位，但是斜腹杆首先采用高强螺栓临时连接，连接耳板设计为双向长孔，如图 6-7 所示。这样既能释放安装期间核心筒与外围巨型框架间差异变形引起的外伸桁架附加内力，又能确保结构体系完整，具备抵抗临时侧向荷载的能力，确保施工期间塔楼安全。待核心筒与外围巨型框架间差异变形稳定以后再用焊接将斜腹杆连接，形成设计要求的抵抗永久侧向荷载的能力。

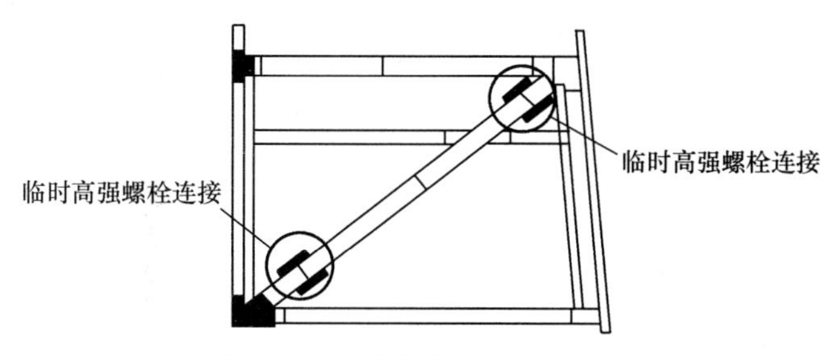


图 6-7　斜腹杆临时连接节点

### 6.2.2　广州新电视塔

#### 1. 工程概况

广州新电视塔高 610m，由 1 座高达 454m 的主塔体和 1 根高 156m 的天线桅杆构成，如图 6-8 所示。主塔体采用筒中筒结构体系，内筒为钢筋混凝土核心筒，外筒为钢管混凝土斜交网格筒。

电视塔的主体钢结构包括：混凝土核心筒内的钢骨劲性柱、外筒结构、楼层结构（包括空中漫步道）等。

钢骨劲性柱共设置 14 根，沿混凝土核心筒周边布置。＋428m 标高以下为 H 型截面形式；＋428m 标高以上的核心筒钢骨劲性柱采用 $\phi$600～$\phi$1000mm 钢管，并由工字钢梁连接，在＋438.4m 标高以上劲性柱间增加剪力钢板。

钢结构外筒是电视塔主要的垂直承重及抗侧力结构，包括 3 种类型的构件：立柱、环梁和斜撑。外筒共有 24 根立柱，由地下二层柱定位点沿倾斜直线至塔体顶部相应点，与垂直线夹角为 5.33°～7.85°不等。采用钢管混凝土组合柱，钢管截面尺寸由底部的 $\phi$2000×50mm 渐变至顶部的 $\phi$1200×30mm，柱内填充 C60 低收缩混凝土；斜撑与钢柱斜交，其材料亦为钢管，直径 $\phi$850×40mm～$\phi$700×30mm。斜撑与钢管柱的连接采用相贯节点刚接形式；环梁共有 46 组，环梁材料同样为钢管，直径 $\phi$800mm，壁厚为 2.5～20mm 不等，采用弧线形式，环梁平面与水平面成 15.5°夹角。环梁与钢管柱通过外伸的圆柱节点相贯连接。所有现场节点均为全熔透焊接连接。

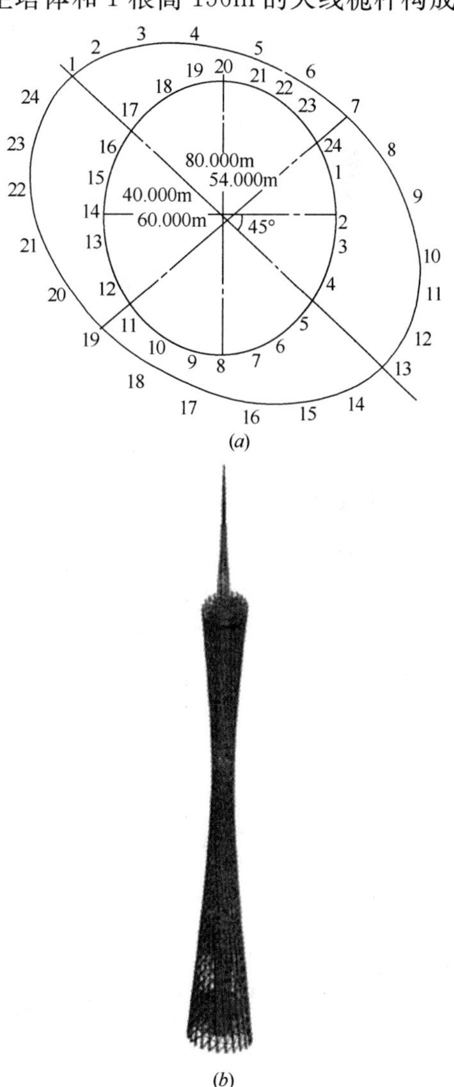


图 6-8　广州新电视塔结构平面图、立面图
（a）平面图；（b）立面图

内外筒之间共设置 37 层楼层。楼层钢结构为主次梁结构，主梁一端与混凝土核心筒劲性柱外挑钢牛腿以高强螺栓连接；另一端与钢外筒连

接，绝大部分采用由关节轴承构成的双向铰，以适应结构在使用阶段内外筒存在的相对位移。部分楼层采用重型桁架和悬挂结构。

在＋178.400～＋334.4m 标高，围绕核心筒外侧旋转而上设有空中漫步道，对应核心筒楼层处设置休息平台。漫步道宽度约 1.4m，由 H 型钢悬挑横梁、型钢组合平台和楼梯板组成。

选用的钢材根据不同部位而异。H 型劲性柱和楼层钢梁为 Q345c 低合金结构钢；外钢筒立柱、斜撑及环梁以 Q345GJc 高性能建筑结构用钢为主，部分立柱采用 Q390GJc；而钢管劲性柱和天线钢桅杆的格构部分则选用 Q460GJc 的高强钢材。钢结构总量逾 50000t。

**2. 施工特点**

广州新电视塔钢结构框架安装具有以下特点：

1）构件吊装难度大。钢结构总重达 50000t，主要构件立柱钢管的截面直径为 1200～2000mm，壁厚 30～50mm，最大分段重 40t，部分楼层桁架重 80 余 t。钢结构外框筒基础平面为 80m×60m 的椭圆。由于其中心与混凝土核心筒的中心不重合，大大增加了塔式起重机作业半径。这些都增加了吊装工艺选择和起重机械配置的难度。

2）安全保障难度大。内外框筒之间仅断续设置了 37 个楼层，楼层大量缺失。钢结构安装缺少有效依靠，增加了钢构件校正和固定难度；同时高空操作失去依托，凌空作业量大，供施工人员上下的安全通道匮乏。

3）变形控制要求高。钢结构外框筒采用斜交网格结构形式，自下而上呈 45°扭转，所有构件均呈三维倾斜状态，外框筒中心与核心筒中心偏置达 9m，钢结构在恒荷载作用下即发生较明显的侧移。另外由于结构超高，环境温度变化也会引起钢结构外框筒发生显著变形。因此钢结构外框筒变形控制要求高。

**3. 施工工艺**

针对广州新电视塔钢结构外框架安装特点，通过优化起重机械配置，自下而上依次采用了 3 种安装工艺。

1）履带吊高空散拼安装工艺：标高 7.050m 以下钢结构外框筒采用该工艺安装。2 台 150t 履带吊停于标高－11.500m 环岛上吊装作业；2 台 300t 履带吊停于基坑外进行 150t 履带吊组装、构件就位和吊装作业；1 台 25t 汽车起重机停于场地内进行机动作业，如图 6-9 所示。

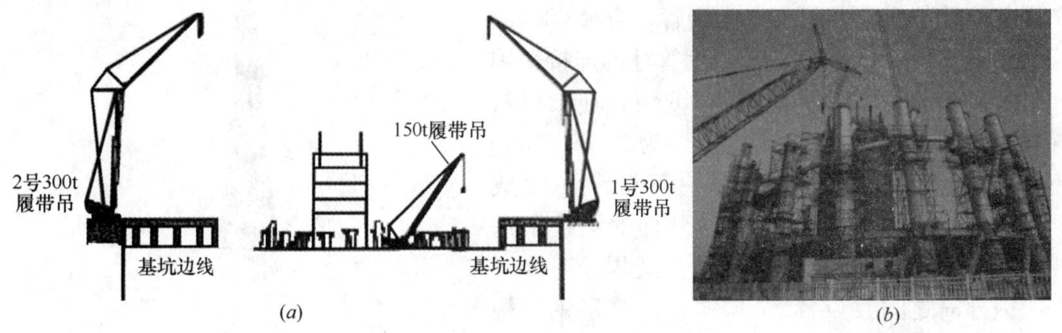


图 6-9 履带吊高空散拼安装工艺

（*a*）示意图；（*b*）实物图

2）履带吊结合塔式起重机高空散拼安装工艺：标高 7.050～100.000m 钢结构外框筒采用该工艺安装。2 台 300t 履带吊停于±0.000 加固平台上进行吊装作业；2 台 M900D 塔式起重机悬挂于核心筒外侧进行吊装作业；1 台 150t 履带吊停于基坑外进行构件驳运作业；1 台 25t 汽车吊停于场地内进行机动作业，如图6-10所示。

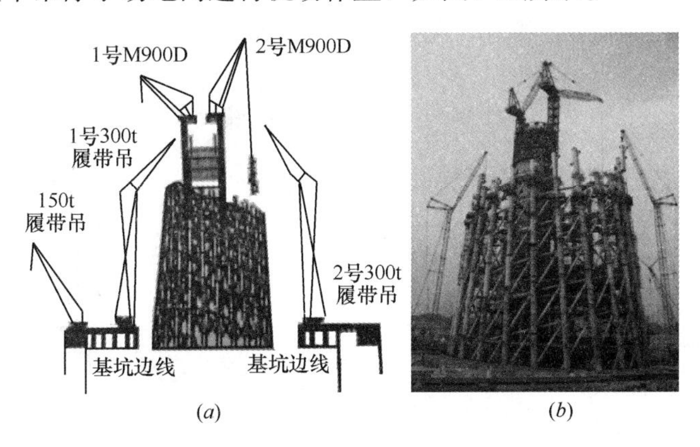


图 6-10　履带吊结合塔式起重机高空散拼安装工艺

（a）示意图；（b）实物图

3）塔式起重机高空散拼安装工艺：标高 100.000～454.000m 钢结构外框筒采用该工艺安装。2 台 M900D 塔式起重机悬挂于核心筒外侧进行吊装作业；1 台 300t 和 1 台 150t 履带吊用于场地内构件驳运就位作业；1 台 25t 汽车吊停于场地内进行机动作业，如图 6-11 所示。

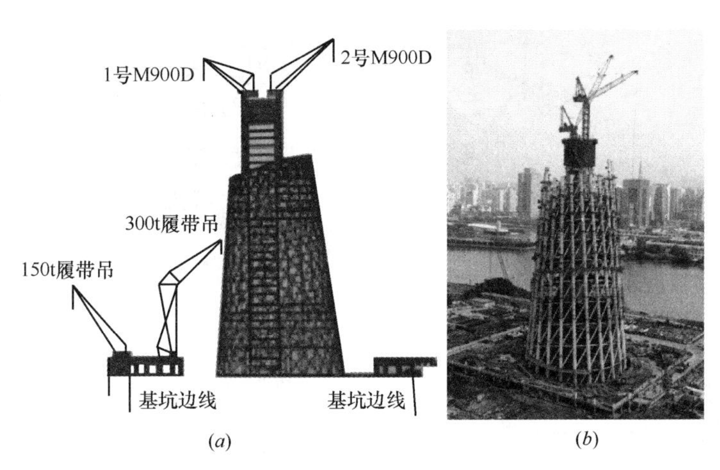


图 6-11　塔式起重机高空散拼安装工艺

（a）示意图；（b）实物图

**4. 施工技术**

1）塔式起重机悬挂爬升技术

（1）爬升工艺

广州新电视塔钢结构外框筒大部分构件，特别是重型构件多分布在外围，距核心筒比较远。同时椭圆形核心筒平面尺寸比较小，内径仅为 14m×17m，内部缺少塔式起重机布置空间。针对以上情况，经过多方案比选，采用了塔式起重机悬挂爬升技术。2 台 M900D 塔式起重机沿核心筒长轴方向（也是钢结构外框筒长轴方向）通过悬挂系统相向布置在核心筒外，如图 6-12 所示。这样既解决了核心筒内部缺少塔式起重机布置空间的难题，又缩短了钢结构外框筒构件吊装半径，便于重型构件吊装。2 台 M900D 塔式起重机依托悬挂系统采用内爬工艺爬升，爬升工艺流程如图 6-13 所示。

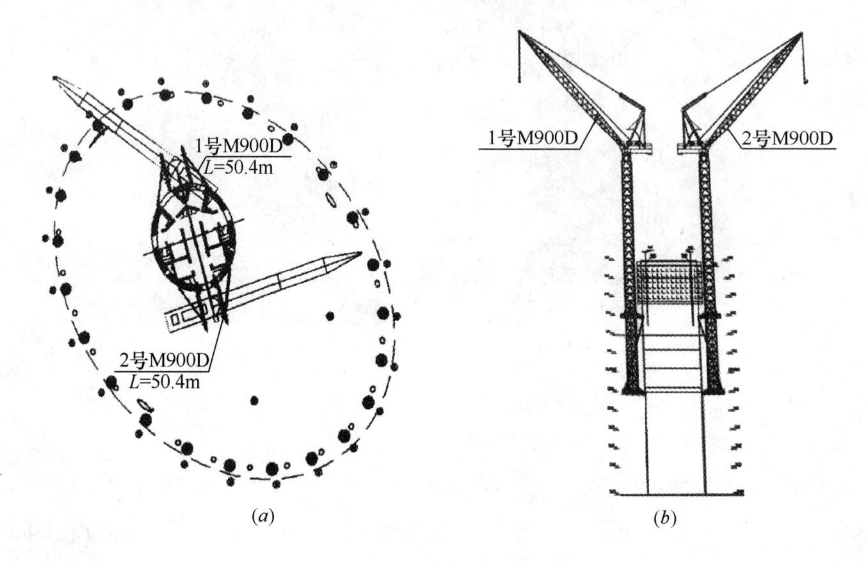


图 6-12　塔式起重机布置图

(*a*) 平面图；(*b*) 立面图

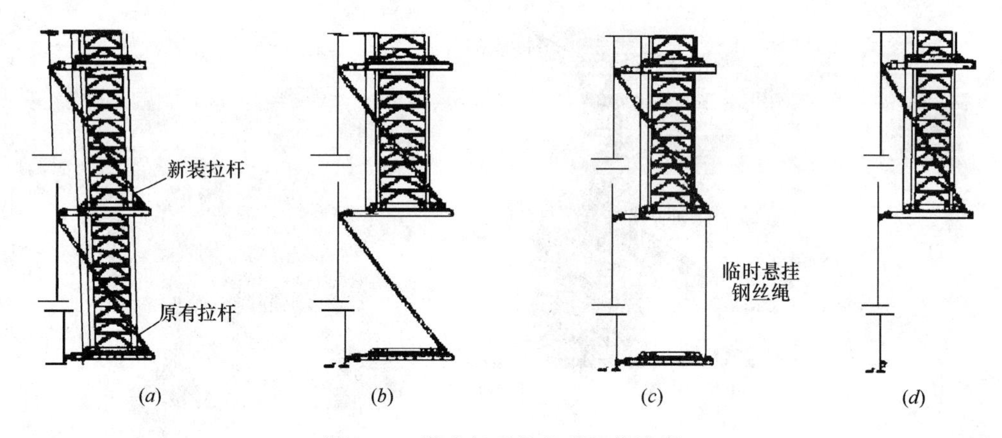


图 6-13　塔式起重机爬升工艺流程

(2) 悬挂系统

悬挂系统由承重横梁、斜拉杆、水平支撑杆及与塔式起重机配套的 C 型限位座梁等构成，每台塔式起重机各配置 3 套悬挂系统，塔式起重机作业时 2 套悬挂系统协同工作，塔式起重机爬升时 3 套悬挂系统交替工作。承重横梁采用箱型结构，一端通过双向铰座与核心筒壁相连，另一端与斜拉杆铰接；斜拉杆采用钢板拉条；水平支撑杆为钢管杆件，两端铰支；与塔式起重机配套的 C 型限位座梁通过高强螺栓固定于承重横梁上，如图 6-14 所示。现场照片如图 6-15 所示。

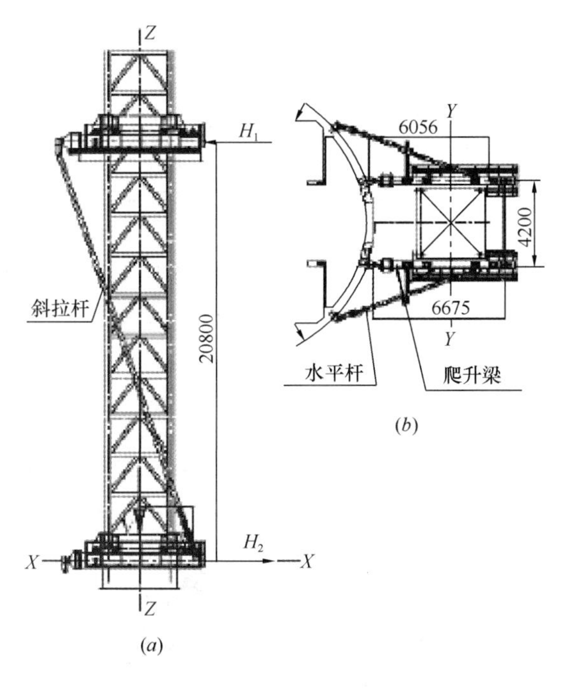


图 6-14 塔式起重机悬挂系统图
(a) 立面图；(b) 平面图

(a) (b)

图 6-15 塔式起重机现场照片

2）安全保障技术

由于本工程钢结构安装为超高空作业，楼层的不连续造成悬空作业。高空坠物带来的伤害风险也随着高度增加而增大。因此，根据结构和施工特点，合理规划、统筹安全作业设施就极为重要。

水平通道分径向和环向两种。径向水平通道在有楼层时，利用主梁梁面并设置扶手栏杆来构成，如图 6-16 所示；在没有楼层处则利用径向临时支撑梁作为水平通道，其梁面设防滑条，两侧设封闭护栏。

环向水平通道包括：在核心筒周边以排架脚手（或悬挂脚手架）逐层搭设环闭通道；在细腰段有观光楼梯时，则利用已安装好的钢梯和钢平台作为环向通道。

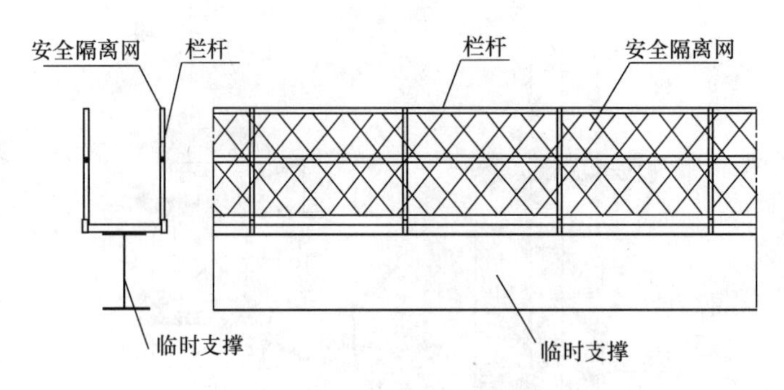


图 6-16　径向水平通道

水平通道平面、立面示意图见图 6-17、图 6-18。

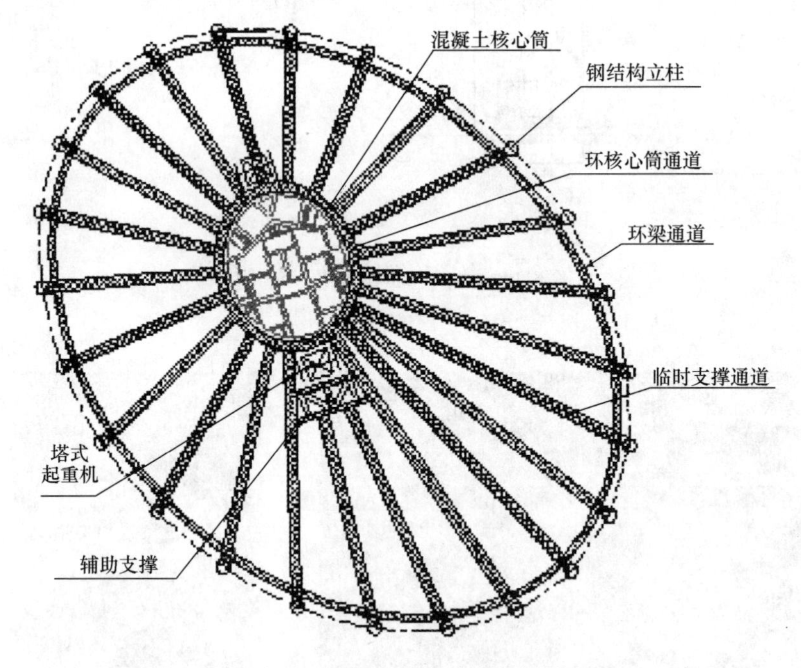


图 6-17　水平通道平面示意图

广州新电视塔楼层缺失比较严重，454m 高的主塔体仅设置了 37 个楼层，钢结构外框筒安装安全保障条件比较恶劣。为此依托临时支撑构建水平通道系统，如图 6-19 所示。同时研制了工具式操作平台。钢结构安装时将操作平台与钢管立柱一起安装，然后依托工具式操作平台搭设操作脚手架，如图 6-20 所示。水平通道、工具式操作平台与垂直爬梯和防坠隔离设施等一起构成完整的安全操作系统。

3）变形控制技术

遵照简单实用、操作便利的原则，制定了广州新电视塔钢结构外框筒变形控制技术路线：钢结构深化设计及构件制作原则上按原设计进行，以简化设计及构件制作；钢结构安装采用预变形技术进行变形控制，重点控制外框筒的标高和平面位置。

（1）钢结构外框筒标高控制

钢结构外框筒标高控制采用相对标高与绝对标高相结合分阶段补偿（预变形）的方法，即钢结构外框筒分 6 个阶段进行绝对标高补偿（无楼层处），每个阶段之间的环或层

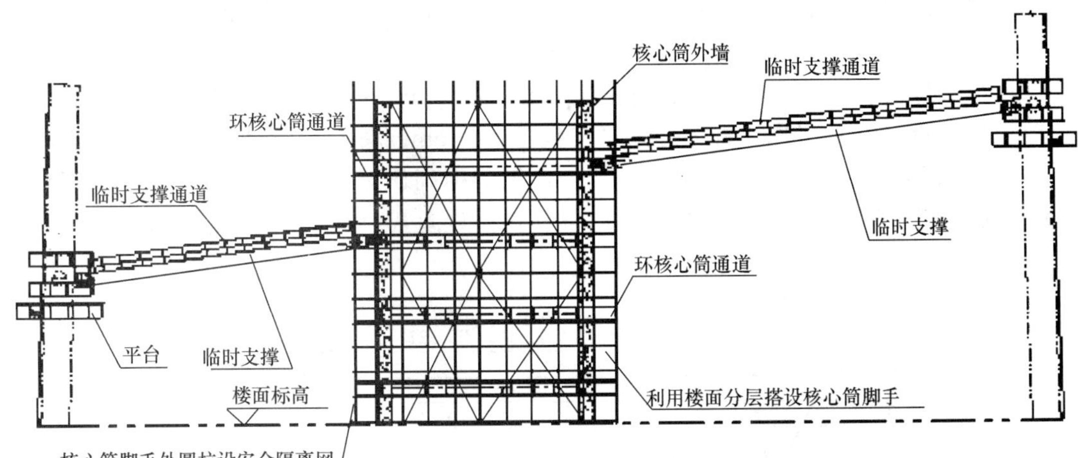


图 6-18　水平通道立面示意图

(*a*)　(*b*)

图 6-19　依托临时支撑的水平通道系统

(*a*)　(*b*)

图 6-20　工具式操作平台

以相对标高控制。这样大大简化了标高补偿工作量，具有较强的可操作性。标高补偿具体位置及数值如下：

① 5～ 6 环柱子 $Z$ 向坐标＝理论 $Z$ 向坐标＋8mm－5 环以下结构 $Z$ 向压缩值；

② 11～12 环柱子 $Z$ 向坐标＝理论 $Z$ 向坐标＋16mm－11 环以下结构 $Z$ 向压缩值；

③ 17～18 环柱子 $Z$ 向坐标＝理论 $Z$ 向坐标＋24mm－17 环以下结构 $Z$ 向压缩值；

④ 24～25 环柱子 $Z$ 向坐标＝理论 $Z$ 向坐标＋32mm－24 环以下结构 $Z$ 向压缩值：

⑤ 30～31 环柱子 $Z$ 向坐标＝理论 $Z$ 向坐标＋40mm－30 环以下结构 $Z$ 向压缩值：

⑥ 38～39 环柱子 $Z$ 向坐标＝理论 $Z$ 向坐标＋48mm－38 环以下结构 $Z$ 向压缩值。

经过标高补偿，理论上可以将钢结构外框筒的标高误差（与设计标高相比）控制在 2cm 以内，如图 6-21 所示。方案实施后外框筒标高误差控制在 5cm 以内，满足了设计和规范的要求，达到了预期效果。

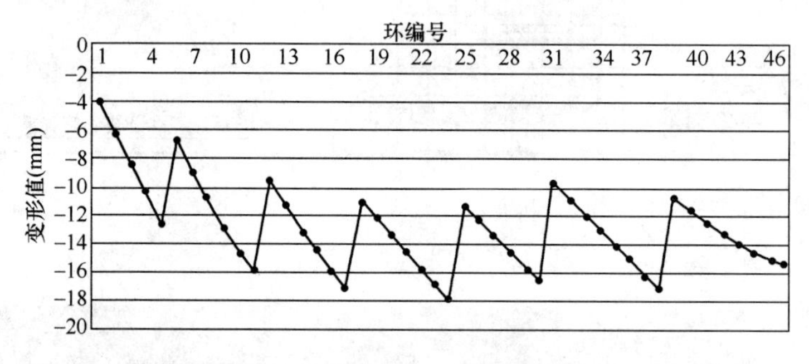


图 6-21　变形补偿后外框筒标高理论偏差

（2）钢结构外框筒平面位置控制

施工过程中，安装钢结构外框筒立柱时每一节均安装到理论坐标点位置。这种水平方向的预变形方案可以对已安装的下部钢结构产生的变形进行补偿。

例如：在安装第 $N+1$ 层时，第 $N+1$ 层的所有结构都安装到理论位置。这样第 1～$N$ 层由于结构自重产生的变形能够得到补偿。

采用该方案后，$X$ 方向最大预变形值为 15mm，出现在第 38 环；$Y$ 方向最大预变形值为 5.4mm，出现在第 27 环。

最终变形完成后，$X$ 方向与理论最大差值为 33.9mm，出现在第 41 环；$Y$ 方向与理论最大差值为 35.3mm，出现在第 39 环。

其中单方向变形值均在 50 mm 以内，满足要求。

（3）核心筒劲性柱预变形方案

为保证内外筒变形的协调，钢结构外框筒进行竖向阶段调整的柱子相对应的核心筒劲性柱也进行分阶段预变形（阶段调整）处理，分为 6 个阶段，在 64m、126.4m、184m、240.8m、292.8m、376m 标高楼层每个阶段 $Z$ 方向预变形 8mm，总预变形量为 48mm。

具体位置和数值（具体数值可根据实测值调整）如下：

58.8～64m 钢骨柱 $Z$ 向坐标＝理论坐标＋8mm－58.8m 以下结构 $Z$ 向压缩值；

121.2～126.4m 钢骨柱 $Z$ 向坐标＝理论坐标＋16mm－121.2m 以下结构 $Z$ 向压缩值；

178.8～184m 钢骨柱 $Z$ 向坐标＝理论坐标＋24mm－178.8m 以下结构 $Z$ 向压缩值；

235.6～240.8m 钢骨柱 $Z$ 向坐标＝理论坐标＋32mm－235.6m 以下结构 $Z$ 向压缩值；

287.6～292.8m 钢骨柱 $Z$ 向坐标＝理论坐标＋40mm－287.6m 以下结构 $Z$ 向压缩值；

370.8～376m 钢骨柱 $Z$ 向坐标＝理论坐标＋48mm－370.8m 以下结构 $Z$ 向压缩值。

以上数据仅考虑核心筒在自重作用下的变形，未考虑混凝土的收缩徐变。

核心筒钢骨柱预变形后在恒载作用下的最终标高与理论标高的差值见表 6-1。

**核心筒钢骨柱最终标高与理论标高的差值　　表 6-1**

| 标高（m） | 差值（mm） | 标高（m） | 差值（mm） |
|---|---|---|---|
| 64 | －12.9 | 220 | －27.2 |
| 116 | －20.9 | 272 | －25.5 |
| 168 | －25.5 | 376 | －25.6 |

在本工程中，根据结构在自重条件下的结构变形情况，把三维变形特点区分开来，采取了不同的预变形方案。在竖向采用了分阶段预变形方案，在水平方向采用了现场安装部分预变形方案，方案得到了顺利的实施。

## 思　考　题

1. 简述超高层建筑钢结构框架施工的特点。
2. 简要说明超高层建筑钢结构框架的安装工艺。
3. 上海环球金融中心与广州新电视塔的施工特点有哪些？
4. 简述上海环球金融中心与广州新电视塔钢结构框架安装的工艺流程。

# 第 7 章 钢结构桁架安装技术

## 7.1 概述

目前在超高层建筑中，钢结构桁架应用越来越广泛。超高层建筑结构一方面要适应超高层建筑结构巨型化的发展趋势，应用钢结构桁架提高结构抵抗侧向荷载的能力，如带状桁架和外伸桁架；另一方面要满足超高层建筑功能多样化的需要，应用钢结构桁架实现超高层建筑功能转换，在超高层建筑内部营造大空间，如转换桁架。

### 7.1.1 施工特点

钢结构桁架安装是超高层建筑钢结构安装难题之一，具有以下特点：

1）构件质量大。单榀桁架重达百吨，甚至数百吨，如金茂大厦 3 道外伸桁架的质量分别为 1427、1088t 和 708t。

2）厚板焊接难。钢结构桁架承受的荷载特别大，因此构件断面大，使用的钢板厚，往往超过 100mm，甚至达到 150mm，焊接难度大。

3）作业条件差。钢结构桁架往往位于数十米，甚至数百米的高空，临空作业多，作业风险大。

### 7.1.2 安装工艺

1）支架散拼安装工艺

依托下部结构或临时支架，将钢结构桁架全部构件（或小拼单元）直接在高空设计位置总拼成整体的安装方法称为支架高空散拼安装工艺。该安装工艺设备配置要求低，设备投入小，因此应用极为广泛，是最常用的钢结构桁架安装工艺。但是该安装工艺现场及高空作业量大，施工工效比较低，特别是同时需要大量的支架材料和设备。高空散拼安装工艺适合临空高度比较小的钢结构桁架安装。

2）整体提升安装工艺

首先在设计位置下方或地面将钢结构桁架拼装成整体，然后采用液压动力或电动卷扬机将钢结构桁架整体提升到设计位置，这就是整体提升安装工艺。整体提升安装工艺将大量高空作业（拼装、校正和连接）转化为地面或低空作业，降低了施工安全风险，减少了施工临时设施投入，具有明显的技术和经济优势，因此在上海证券大厦、日本大阪新梅田大厦和马来西亚国家石油大厦等超高层建筑工程中得到了广泛应用，已经成为钢结构桁架最重要的安装工艺之一。

3）悬臂散拼安装工艺

悬臂散拼安装工艺是以塔楼为依托，利用塔式起重机或移动式起重机自支座向跨中逐流水段拼装钢结构桁架的安装方法。在拼装过程中，桁架不依赖支架，而是依靠自身承载能力承受自重作用（有时借助临时斜拉杆），因此在合拢前成悬臂状。悬臂散拼安装工艺所需临时支撑少，施工成本低，适合临空高度比较大但又不适合采用整体提升安装工艺吊装的钢结构桁架安装，如中央电视台新台址大厦就采用了悬臂散拼安装工艺吊装悬臂段钢结构转换桁架。但是悬臂散拼安装工艺也具有临空作业多、安全风险大、结构施工控制难度高等缺点，因此应用范围比较小。

## 7.2　钢结构桁架安装工程应用

### 7.2.1　上海证券大厦

**1. 工程概况**

上海证券大厦地下 3 层，地上 27 层，建筑高度为 120.9m，总建筑面积为 98061m$^2$。由裙房、南北塔楼、天桥及桅杆组成。其中南、北两座塔楼高 27 层，采用钢筋混凝土核心筒体与钢结构框架组成的框筒结构体系；天桥位于南、北塔楼之间的第 19～27 层处，高 31m，跨度达 63m，采用钢结构。如图 7-1 所示。

**2. 施工特点**

上海证券大厦钢结构天桥施工具有以下特点：

1）结构重。钢结构天桥总质量达 1500t，构件延米质量大。塔式起重机布置在南、北塔楼上，作业半径大。按已有塔式起重机配置，在高空散拼，只能逐根构件、逐个节点吊装，吊装工效低，焊接工作量大。

2）跨度大。钢结构天桥跨度达 63m，采用高空原位散拼工艺安装时，塔式起重机作业半径大，效率低。

3）临空高。钢结构天桥距地面 70 余米，临空高度大。如采用传统支架散拼工艺安装，则支架投入非常大。

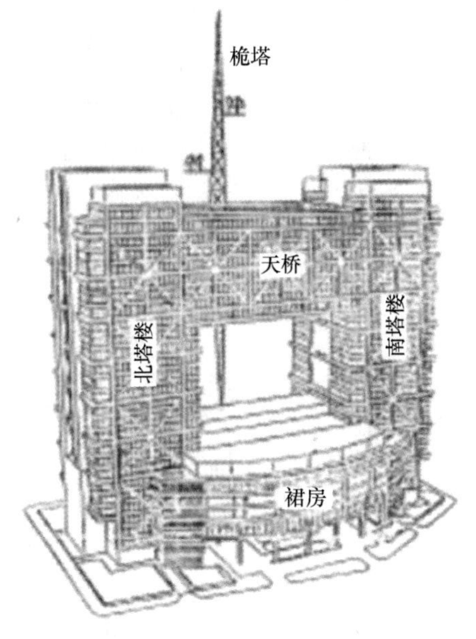

图 7-1　上海证券大厦

**3. 施工工艺**

根据钢结构天桥安装特点，在综合比较支架高空散拼工艺和整体提升工艺优缺点的基础上，最终确立了地面拼装、整体提升的施工技术路线。施工工艺流程如下：首先吊装南、北塔楼钢结构，同时在地面分两个单元（即 A、B 轴两榀桁架为一个单元，C、D 轴两榀桁架为另一单元）组装整个天桥钢结构；然后依托已经施工的南、北两座塔楼，采用穿心式液压千斤顶将组装好的 1240t 的巨型钢结构天桥一次整体提升到 101.15m 的高空，与两侧的塔楼进行对接，如图 7-2 所示。

**4. 施工技术**

1）提升范围确定

为了确保提升过程稳定，增加提升安全储备，根据提升设备配置情况，确定了提升范

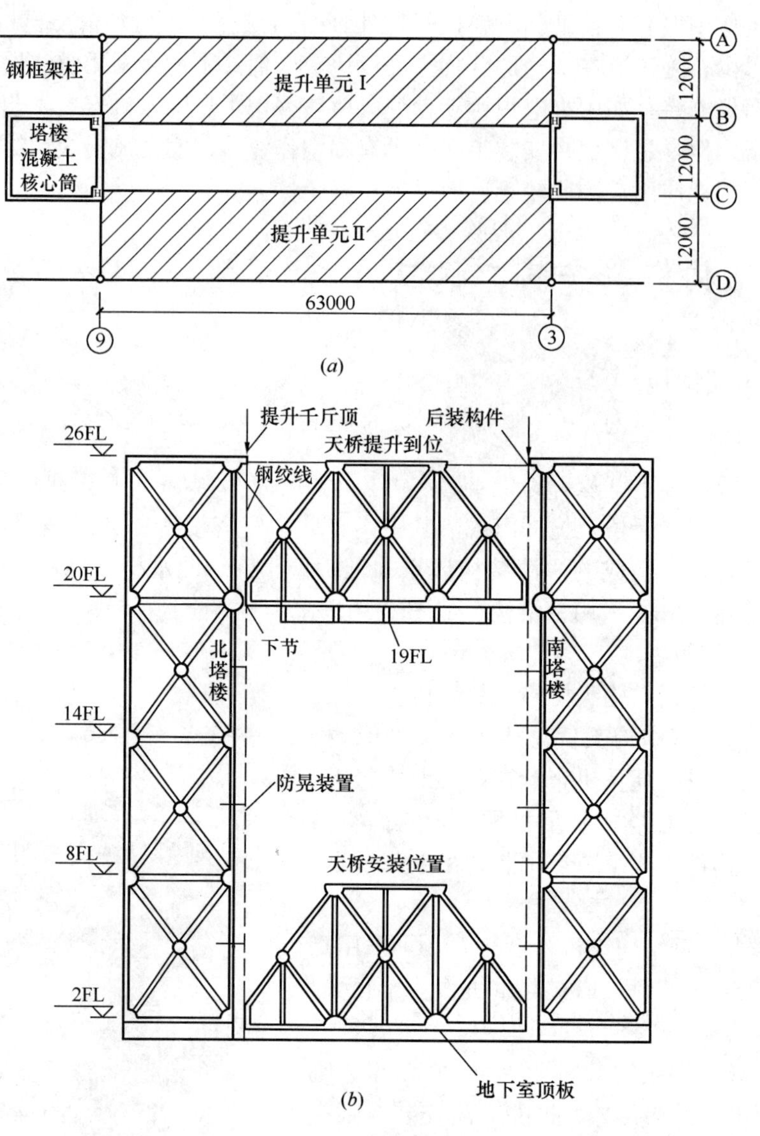


图 7-2 上海证券大厦天桥钢结构整体提升工艺简图
(a) 平面图；(b) 立面图

围。提升设备额定荷载为 1600t，难以将钢结构天桥整体提升到位。为此将钢结构天桥分为整体提升和高空散拼两部分，如图 7-2 所示。这样一方面增加了提升安全储备，整体提升部分钢结构总质量减少为 1240t，提升安全系数达到 1.29，满足规范要求；另一方面确保了提升过程稳定，因为提升结构的重心降低了。

2）提升设备选用

钢结构天桥由两个单元组成，每个单元（分别由 2 榀桁架组成）跨度为 63m，宽 13.6m，高 28m，质量为 620t，提升高度为 77m。整体提升具有长距离、大质量、大体积的特点。借鉴上海东方明珠电视塔钢桅杆整体提升的成功经验，经过多方案比选，最终确立了钢索式液压提升工艺。提升设备采用 8 台 GYT-200 型钢索式液压千斤顶，4 台一组，由 1 个控制柜控制。提升设备主要性能如下：

（1）单台额定荷载（提升或下降）2000kN；

（2）活塞最大工作行程为200mm，升降速度为4～6m/h；

（3）具有带载上升和下降的功能，可随时转换或停止；

（4）提升形式为千斤顶固定在某高度上，拔钢绞线上升或下降；

（5）安全装置齐全，拥有安全自锁机构，能够从容应对突发情况；

（6）具有带载换卡爪功能，能满足长距离提升需要；

（7）具有提升同步控制功能，可将提升吊点高差控制在50mm以内。

3）提升同步控制

每一组的4台GYT-200型钢索式液压千斤顶，由1个控制柜控制，提升同步性能达到每一个行程（即提升200mm）提升吊点高差不超过5mm。为将施工过程中提升吊点的高差始终控制在50mm以内，施工规定每提升10个行程进行一次调平处理。调平处理过程如下：首先用位于天桥南、北两侧的2台经纬仪，分别观察此时天桥立柱的垂直度，校核南、北方向的提升高差，然后将灌入红色液体的$\phi$10mm透明软管的两端，分别挂在东、西两侧的天桥立柱上，利用连通器原理观测东、西方向的提升高差。最后根据观察的结果，将4个提升点调整至同样标高，再继续下10个行程，从而将提升过程中的高差始终控制在50mm以内。

4）提升晃动控制

在6级风天气，如正面受风，钢结构天桥将承受11t左右的风荷载。承重钢绞线最大悬挂长度超过100m，即使提升就位时也有约24m。在风荷载作用下，如不采取技术措施，钢结构天桥必然会产生晃动。但是提升结构晃动会影响卡爪与钢绞线的正常吻合，影响到提升安全。另外提升就位后任何微小的晃动，都会影响到天桥与塔楼的对接。为此采取了以下技术措施来防止提升结构晃动：

（1）在市气象台的协助下，选择风力低于5级的时间提升（实际提升时的风力低于4级）。

（2）每隔3层（近12m）高度，用$\phi$48×L3.5的钢脚手管制作一方框，并将方框固定在近天桥侧的4根塔楼钢柱上，作为提升钢绞线侧向限位装置，缩短悬挂自由长度。

（3）提升就位后，立即用缆风绳进行临时固定，再用预先准备好的耳板与夹板，将填充段构件安装到连接位置。

### 7.2.2　马来西亚国家石油大厦

**1. 工程概况**

马来西亚国家石油大厦由2栋超高层建筑组成，地下4层，地上88层，高达452m。在41～42层布置有两层楼高的钢结构天桥，长58.4m。钢结构天桥为两铰拱结构，拱支座坐落在塔楼29层结构柱上。如图7-3所示。

**2. 施工特点**

马来西亚国家石油大厦钢结构天桥安装具有以下特点：

1）安装位置高。钢结构天桥位于第41和42层，距离地面170m，无法采用支架散拼工艺施工。

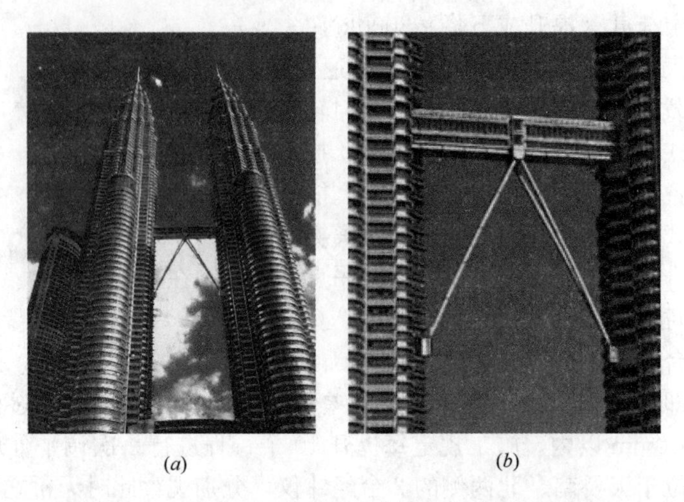

(a) (b)

图 7-3 马来西亚国家石油大厦钢结构天桥实景

2）结构质量大。钢结构天桥长 58.4 m，质量约 750t，无法利用塔式起重机（包括双机抬吊）整体吊装就位。

**3. 施工工艺**

根据马来西亚国家石油大厦钢结构天桥安装特点，制定了整体提升工艺技术路线。整体提升共分 9 个步骤，工艺流程如下：

1）步骤一：利用塔式起重机将天桥支腿一次提升到位。待天桥支腿提升到位后，利用缆风绳将它们垂直坐落在 29 层的永久支座上。

2）步骤二：将天桥 2 个端部段框架分别提升到位。为便于中间段顺利提升到位，天桥端部段框架临时安装于 41 层永久位置以上约 100mm 处，并向塔楼方向后退约 100mm，保留足够的提升空间。

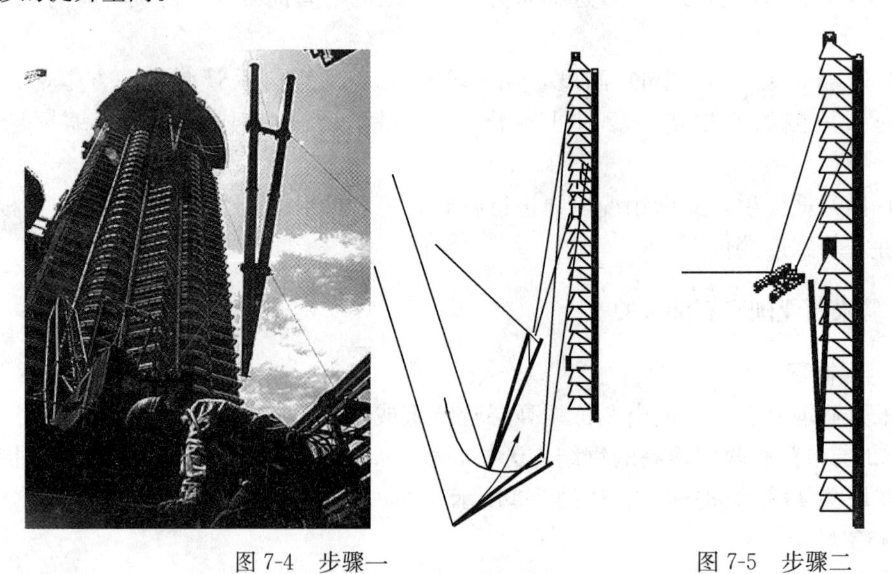

图 7-4 步骤一　　图 7-5 步骤二

3）步骤三：将位于塔楼 50 层的 4 台千斤顶与天桥中间段相连，位于塔楼 48 层的 4 台千斤顶与天桥两端相连。

4）步骤四：将重 325t 的天桥中间段提升约 11m，并临时锁定，以便长约 10m 的支腿上部段安装到天桥上。

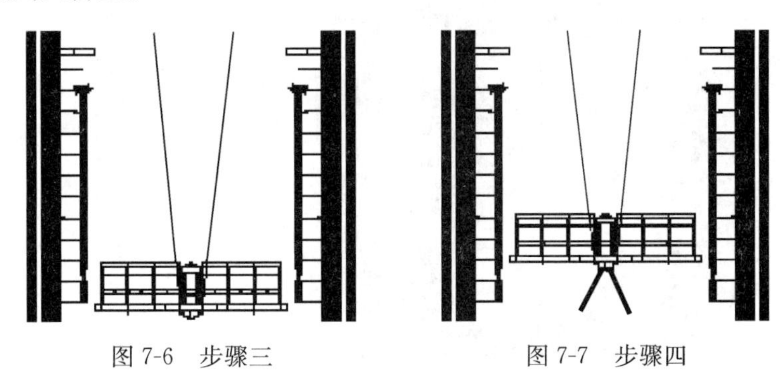

图 7-6　步骤三　　图 7-7　步骤四

5）步骤五：检查完成后，开始天桥中间段提升。

6）步骤六：天桥中间段以最小 12m/h 的速度逐渐提升到位，整个提升共持续 32h。

图 7-8　步骤五　　图 7-9　步骤六

7）步骤七：将中间段和端部段临时固定在一起，确保它们处于无应力状态。

8）步骤八：将支腿就位。待支腿到达永久位置，天桥端部段落降低至 41 层永久支座上，然后将天桥中间段降低，并与支腿相连。

图 7-10　步骤七　　图 7-11　步骤八

9）步骤九：待提升系统拆除后，浇捣楼面混凝土，施工天桥屋面，安装维护设施，天桥安装完成。

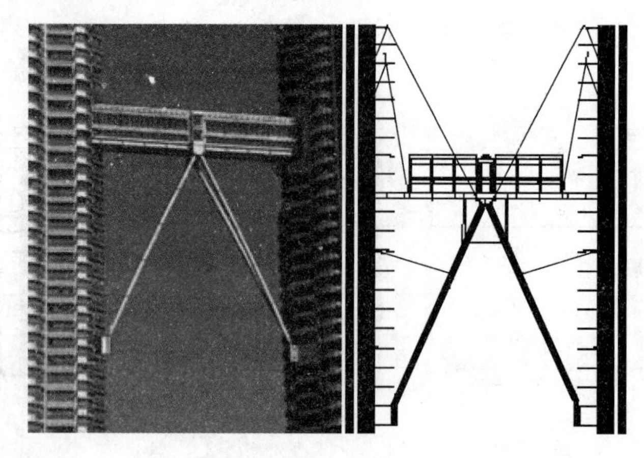

图 7-12　步骤九

### 7.2.3　中央电视台新台址大厦主楼

#### 1. 工程概况

中央电视台新台址工程形似交叉缠绕的两个巨大“Z”字，由两座双向 6°倾斜的塔楼通过底部裙楼和顶部的 L 形悬臂连成一体，地下 3 层，地上 52 层，高达 234m，总建筑面积约 44 万 $m^2$。其中悬臂结构高 14 层，自两座塔楼 162.2m 标高处（37 层）分别延伸 67.165m 和 75.165m，在空中折形对接而成。如图 7-13 所示。

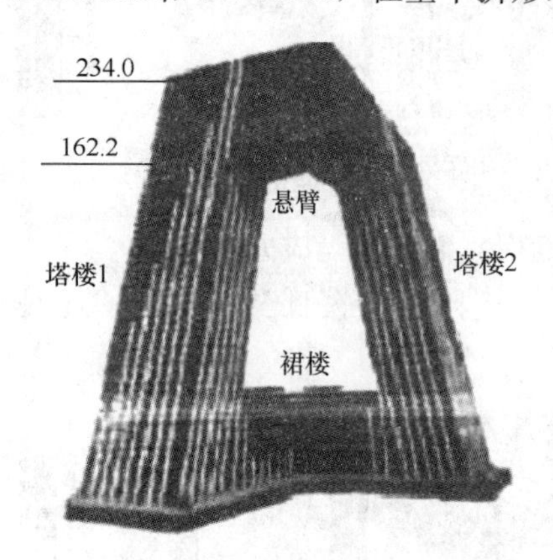


图 7-13　中央电视台新台址大厦主楼结构模型

#### 2. 施工特点

悬臂钢结构安装具有以下特点：

1）高空作业多。悬臂钢结构距地面 162.2m，共 14 层，构件分布在长约 75.165m，宽为 38.59m，最大高度为 53.4m 的空间内，钢结构总质量超过 1.8 万 t，构件总数逾 6000 件。悬臂结构安装高空作业多。

2）构件重量大。悬臂结构大部分构件的钢板厚度在 40mm 以上，钢板最大厚度达 100mm。悬臂结构构件重量大，其中，外框柱单件最重 25t，底部边梁单件最重 41t，巨型转换桁架高 8.5m、跨长 38.592m，单榀最重 245t，分段后，构件最重达 36t。如图 7-14 所示。

3）施工控制难。悬臂部分总质量约 5.1 万 t（含混凝土楼板、幕墙、装饰等荷载），

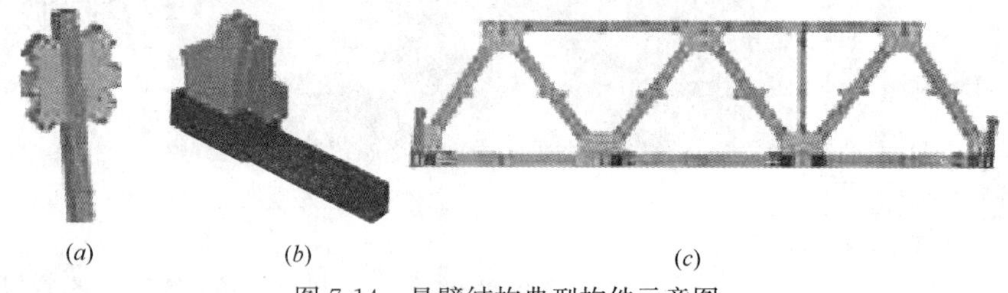


图 7-14　悬臂结构典型构件示意图

(a) 外框柱；(b) 底部边梁；(c) 巨型转换桁架

最大悬臂长度超过 75m。在自重作用下，施工过程中悬臂结构将发生较大变形，同时在构件中产生附加应力。悬臂结构变形和附加应力施工控制难。

**3. 施工工艺**

1）施工工艺原理

悬臂结构是中央电视台新台址大厦主楼施工技术难度最大的结构部位，其中关键是如何施工悬臂结构转换桁架，只要转换桁架形成整体，悬臂结构剩余构件安装条件就大大改善。围绕悬臂结构施工，工程技术人员先后探讨了多种施工工艺，其中最有代表性的是悬臂散拼安装工艺和支架散拼结合整体提升安装工艺。悬臂散拼安装工艺是原设计推荐方案，当两座塔楼结构封顶以后，依托两座塔楼阶梯状高空散拼悬臂结构，直至转换桁架及悬臂结构剩余部位合拢，如图 7-15 所示。支架散拼结合整体提升安装工艺依托支架高空散拼其上悬臂结构转换桁架，然后依托两座塔楼和支架整体提升悬臂结构剩余转换桁架，最后阶梯状高空散拼悬臂结构剩余构件，如图 7-16 所示。两种施工工艺各有优缺点，悬臂散拼安装工艺所需临时设施投入比较小，但是施工技术难度大，安全风险高；支架散拼结合整体提升安装工艺施工技术难度比较小，安全风险比较低，但是所需临时设施投入比较大。经过综合比较，施工时采用了原设计推荐的悬臂散拼安装工艺。

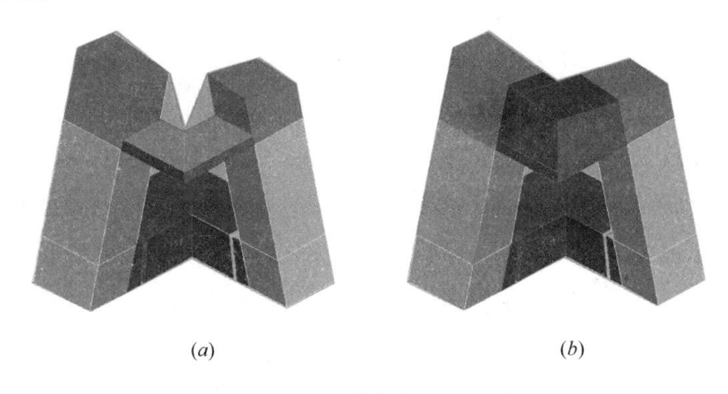

(*a*)　(*b*)

图 7-15　悬臂散拼施工工艺

（*a*）悬臂散拼转换桁架；（*b*）阶梯状高空散拼悬臂结构剩余构件

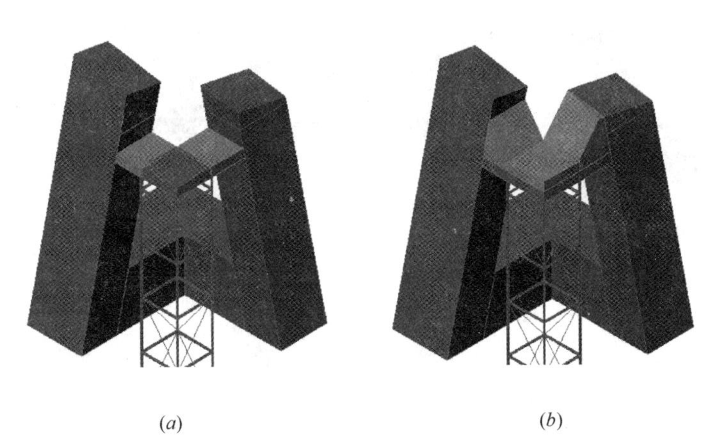

(*a*)　(*b*)

图 7-16　支架散拼结合整体提升安装工艺

（*a*）支架辅助散拼和整体提升转换桁架；（*b*）阶梯状高空散拼悬臂结构剩余构件

2）安装区域划分

以悬臂底部转换桁架构成的稳定结构为单元，将悬臂从根部到远端相交处分成Ⅰ、Ⅱ、Ⅲ共3个施工区，每区依次划分成3、4、5个单元跨。安装区域划分如图7-17所示。

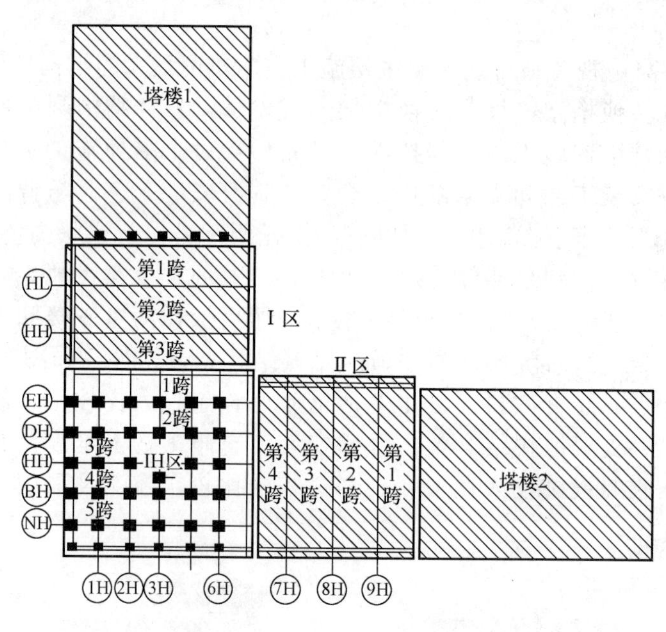


图7-17　悬臂结构安装区域划分

3）安装阶段划分

按照悬臂外框钢柱、水平边梁以及斜撑构成的稳定结构体系，将悬臂分成3个阶段进行安装，如图7-18所示。

（1）第1阶段。两塔楼悬臂独立施工→37～39层刚性构件7处合拢→完成10处合拢。

（2）第2阶段。逐跨阶梯延伸安装→37～39层的转换层结构全部完成。

（3）第3阶段。合拢后，39层以上内外结构逐跨延伸安装→完成全部悬臂结构。

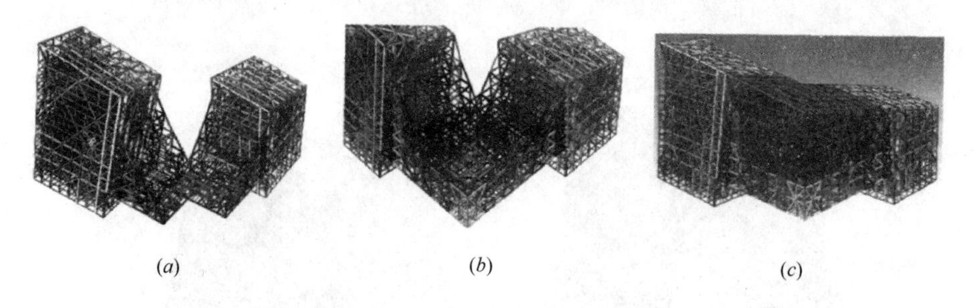

(*a*)　(*b*)　(*c*)

图7-18　悬臂结构安装阶段划分

（*a*）第1阶段；（*b*）第2阶段；（*c*）第3阶段

4）安装工艺流程

悬臂结构安装工艺流程如图7-19所示。

**4. 施工技术**

1）悬臂散拼构件定位

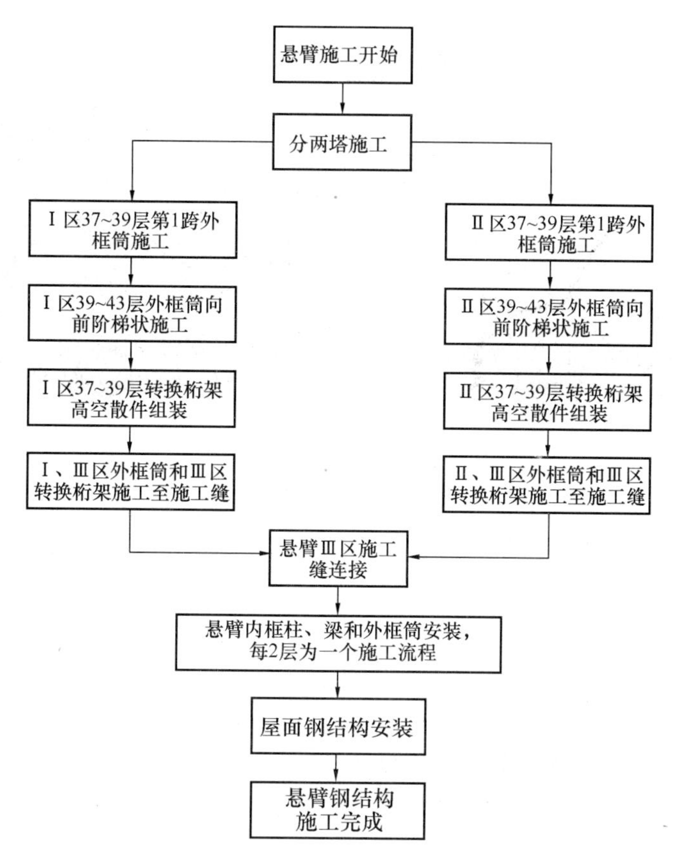


图 7-19　悬臂结构安装工艺流程

由于临空施工，作业缺少依托，因此构件定位成为悬臂散拼安装工艺中关键技术环节之一。中央电视台新台址大厦主楼悬臂段转换桁架构件超重、超长，单件最重达 41t，单件长约 10m，悬臂散拼过程中构件定位难度非常大。为此，工程技术人员设计了斜拉双吊杆与水平可调刚性支撑相结合的精确定位装置。该装置在水平方向上采用设有大吨位双向调节装置的钢管支撑和临时螺栓卡板定位，在竖向上采用高强钢拉杆、液压千斤顶装置和可调钢管支撑进行稳固与张拉校正，以便于控制构件的空间位置，如图 7-20 所示。

2）悬臂拼装合拢技术

（1）合拢位置选择

经过多种方案比较，合拢位置选择在悬臂转折区域，如图 7-21 所示。主要分 3 次由内侧向外侧依次完成底部转换层结构：

① 外框与转换桁架下弦共 7 根构件相连；

② 补装第 1 次合拢区域的剩余构件；

③ 转换层最远端封闭连接完成。其中第 1 次合拢最关键，它是后续合拢的基础，第 1 次合拢点选择外框和桁架下弦处关键受力杆件。

（2）合拢流程安排

合拢前后的安全性分析→选定初次合拢位置→设计临时合拢连接接头→合拢前结构变形和应力应变监测→确定合拢时间→安装合拢构件，固定一端→观察合拢间隙变化情况→

图 7-20　悬挑钢梁安装定位装置

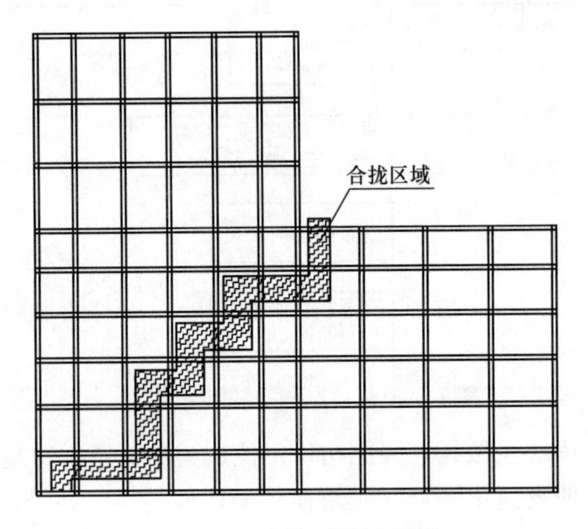


图 7-21　合拢区域平面图

合拢间隙达到要求，快速连接固定合拢构件的另一端→在实时监测下，对合拢构件进行焊接固定，焊接先焊接一端，冷却后再焊接另一端。

(3) 合拢临时连接

悬臂合拢构件在合拢过程中，不利工况下内力最大达到 4975kN，而合拢构件为高强厚板全熔透焊接固定，焊接质量要求高、焊接持续时间长，每个焊接点需要 2 名焊工至少连续焊接 16h 才能完成，构件两端受工艺限制，不能同时焊接。因此为了保证两段悬臂能在最短的时间内连为一体，避免受日照、温度、风荷载等外界因素影响而破坏焊接，需要设置临时合拢连接接头。经过计算，合拢构件端部两侧和下方设置 3 块高强销轴连接卡板，卡板材质为 Q345B，厚 70～120mm；销轴材质为 40Cr，直径为 71～121mm。临时合拢连接接头设计形式如图 7-22 所示。

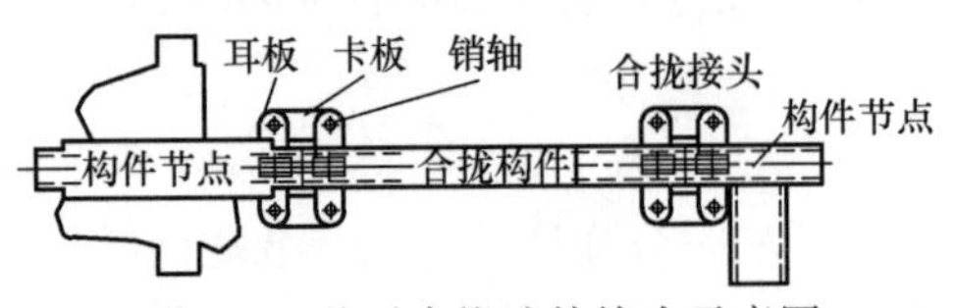


图 7-22　临时合拢连接接头示意图

(4) 合拢时间的选择

施工过程仿真分析表明，悬臂合拢点的变形受日照和温度变化影响最大，在 25℃温差情况下，合拢点水平向最大变形为 25mm，竖向最大变形为 5mm；在日照作用下，合拢点水平向最大变形为 23mm，竖向最大变形为 2mm。而实际施工处于 11 月下旬和 12 月初，大气温度为－4～8℃，温差变化最大为 10℃，这对合拢非常有利。通过实际观测，合拢点间隙和标高昼夜变化量为 3～12mm，特别是在 6：00～9：00 和 21：00～00：00，合拢点间隙和标高变化相对稳定，变化量小。随着温度升高，合拢间隙减小；随着温度降低，合拢间隙增大。因此通过气象预报资料，一周连续观察，选择阴天 6：00～9：00 进行合拢，随着白天温度升高，合拢构件处于轴向受压状态，对临时合拢接头连接件受力和保证焊接质量有利。

## 思　考　题

1. 简述钢结构框架与桁架安装技术的异同点。
2. 简述常用钢结构安装的工艺原理。
3. 简述常用钢结构安装的提升设备及工艺原理。
4. 简述常用钢结构安装的工艺种类。

# 第 8 章　钢结构塔桅安装技术

## 8.1　概述

### 8.1.1　施工特点

塔桅结构是一种高度相对于横截面尺寸很大，水平风荷载起主要作用的自立式结构，一般多采用钢结构。超高层建筑钢结构塔桅施工具有鲜明的特点：

1）所处位置高。钢结构塔桅是超高层建筑产生高耸入云建筑效果的重要手段，同时也担负了较多的使用功能，如无线电信号发射等，因此钢结构塔桅多位于超高层建筑的顶端，所处位置高。

2）作业空间小。超高层建筑顶部面积都比较小，塔桅自身横截面也不大，特别是顶部尺寸更小，往往不到 $1m^2$，作业空间小，施工作业条件差。

3）塔身高度大。为了产生高耸入云的建筑效果，设计师往往在超高层建筑顶部布置高的塔桅，如金茂大厦塔桅高度 50.4m，台北 101 大厦塔桅高度 60m，上海东方明珠广播电视塔塔桅总长 126m，迪拜哈利法塔塔桅高度更是达到了惊人的 207m，塔身高度大。

### 8.1.2　安装工艺

钢结构塔桅的上述施工特点对安装工艺提出了更高要求，作业空间小限制了起吊设备的选择范围，塔桅高度往往超出塔式起重机起吊范围，塔式起重机辅助高空散拼工艺安装钢结构塔桅就受到很大限制，因此必须针对工程特点独辟蹊径，采取特殊工艺施工。在长期的工程实践中，工程技术人员在钢结构塔桅安装工艺方面积累了丰富的研究成果。目前，钢结构塔桅特殊安装工艺主要有直升机吊装工艺、攀升吊装工艺、双机抬吊工艺、整体起板工艺、整体提升工艺和倒装顶（提）升工艺，其中直升机吊装工艺和攀升吊装工艺属于散拼安装工艺，双机抬吊工艺、整体起板工艺和整体提升工艺属于整体安装工艺，倒装顶（提）升工艺属于散拼安装与整体安装相结合的施工工艺。

1）直升机吊装工艺

直升机吊装工艺是在地面分段组装塔桅，然后利用直升机将其逐段吊运至设计位置的安装工艺。直升机吊装工艺具有机械化程度高、拼装场地选择余地大等优点，但是也具有设备要求高、高空作业多、施工风险大等缺点。因此应用范围受到很大限制，只有美国、加拿大等少数发达国家采用直升机吊装工艺安装超高层建筑钢结构塔桅，如美国芝加哥西尔斯大厦、特朗普国际酒店大厦和加拿大多伦多电视塔钢结构塔桅就采用了直升机吊装工艺安装。

2）攀升吊装工艺

攀升吊装工艺是在高空利用攀升吊分段组装塔桅的安装工艺，塔桅分段组装与攀升吊攀爬交替进行，直至塔桅安装完成。攀升吊装工艺具有吊装设备简易等优点，但是也具有高空作业多、施工风险大等缺点。因此应用范围受到很大限制，只有上海世茂国际广场工程采用攀升吊装工艺安装钢结构塔桅。

3）双机抬吊工艺

双机抬吊工艺是在地面或较低位置将塔桅组装成整体，然后利用两台塔式起重机将其抬升到设计位置的安装工艺。双机抬吊工艺具有额外设备投入少，完全利用钢结构安装已有设备，施工速度快，高空作业少等优点。但是也具有双机抬吊同步控制要求高，施工技术风险大等缺点。抬吊时，塔式起重机巴杆距塔桅近，塔式起重机抬升稍不同步就会引起塔桅倾斜，使塔桅碰撞塔式起重机，带来安全隐患，甚至酿成灾难事故。因此应用范围非常小，只有上海金茂大厦等少数工程采用双机抬吊工艺安装钢结构塔桅。

4）整体起板工艺

整体起板工艺是在基座所处平面将塔桅水平组装成整体，然后利用电动卷扬机牵引将其围绕基座处铰支座整体起板至垂直状态的安装工艺。整体起板工艺具有高空作业少、施工技术风险比较小等优点，但是拼装场地要求高，绝大部分超高层建筑在塔基处都比较狭小，难以提供塔桅水平拼装所需场地，因此整体起板工艺应用不多，只有少数超高层建筑工程采用整体起板工艺安装钢结构塔桅，如上海证券大厦等。

5）整体提升工艺

整体提升工艺是在地面或较低位置将塔桅组装成整体，然后利用电动卷扬机或液压千斤顶等动力设备将其整体提升到设计位置的安装工艺。整体提升工艺具有高空作业少、施工专业化程度高、施工技术风险比较小等优点，因此应用范围非常广泛，已经成为超高层建筑钢结构塔桅安装主流工艺，世界上许多超高层建筑工程都采用整体提升工艺安装钢结构塔桅，如上海东方明珠电视塔、广州新电视塔、台北 101 大厦和迪拜哈利法塔等。

6）倒装顶（提）升工艺

倒装顶（提）升工艺是在塔桅基座自上而下逐段组装塔桅，逐次顶（提）升，直至将塔桅拼装成整体，顶（提）升到设计位置的安装工艺。倒装顶（提）升工艺具有临空作业少、施工设备简易等优点，但是也具有顶（提）升环节多、受力转换频繁、施工技术风险大等缺点。因此规模比较小的钢结构塔桅多采用倒装顶（提）升工艺安装，如辽宁电视塔（塔桅长 64.7m、重约 80t）、天津电视塔（塔桅长 85m、重 180t）、天津津汇广场（塔桅长 20m）、广州中天广场（塔桅长 85.6m、重 92t）、南京广播电视塔（塔桅长 47.5m、重 87.5t）、武汉广播电视中心主楼（塔桅长 74.2m、重 60t）、四川广播电视塔（塔桅长 80.5m、重 162t）和无锡红豆国际广场（塔桅长 52.1m、重 75t）等工程采用倒装顶（提）升工艺安装钢结构塔桅。

## 8.2　钢结构塔桅安装工程应用

### 8.2.1　多伦多电视塔

#### 1. 工程概况

加拿大多伦多电视塔高 553.3 m，顶部设有用于电视和广播信号发射的钢结构桅杆

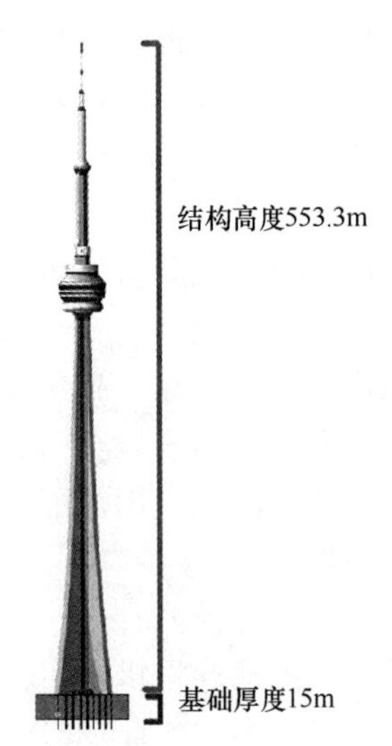

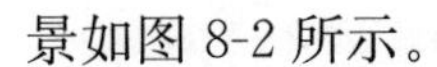

图 8-1　多伦多电视塔立面图

（见图 8-1）。钢结构桅杆高 102m，重约 300t。

**2. 施工特点**

本工程以钢筋混凝土结构为主，因此塔身施工采用的塔式起重机属轻型塔式起重机，起重能力很小。如采用传统的塔式起重机辅助高空散拼工艺安装塔桅钢结构，构件分段长度受到很大限制，构件数量多，高空作业量大，施工工期长，初步估计需要约 6 个月。

**3. 施工工艺**

天线桅杆原拟采用塔式起重机辅助高空散拼工艺安装，但是施工过程中，美国军方将西科斯基公司生产的 S-64 空中起重机出售给民用运营商，采用直升机吊装工艺成为可能。西科斯基 S-64 空中起重机最大起重能力为 10t。S-64 空中起重机首先被用于塔式起重机拆除，然后才用于天线桅杆安装。天线桅杆被分成大约 40 段制作，每段质量平均约 7t，最大达 8t。整个吊装耗时 3 周半，较传统工艺缩短工期 5 个多月。多伦多电视塔桅杆安装实景如图 8-2 所示。

(*a*)

(*b*)

图 8-2　多伦多电视塔桅杆安装实景

### 8.2.2　上海世贸国际广场

**1. 工程概况**

上海世贸国际广场地下 3 层，地上 60 层，建筑总高度达 333m。两根圆柱形钢结构桅杆坐落在主楼 59 层（标高 236.92m），长度为 96.08m，重达 169.85t。钢结构桅杆下部 9.64m（标高 236.920～246.560m）锚固在钢筋混凝土结构中，桅杆顶端高出屋面（标高 246.560m）86.44m。如图 8-3 所示。

**2. 施工特点**

1）本工程钢结构安装采用 1 台 M440D 内爬式塔式起重机，巴杆接至 55m 最大长度时，最大起重有效高度为 310m。

2）钢结构桅杆顶端高度达 333m，其中下部 73.08m 在塔式起重机有效起重高度范围内，上部 23m 超出塔式起重机有效起重高度。

3）屋面空间狭小，缺乏起板安装作业空间。

**3. 施工工艺**

根据本工程钢结构桅杆施工特点，确立了塔式起重机辅助高空散拼与攀升吊辅助高空散拼相结合的施工工艺。具体而言，首先采用 M440D 塔式起重机安装下节和中节钢结构桅杆及斜撑，然后利用攀升吊安装上节钢结构桅杆。攀升吊装工艺流程如下：

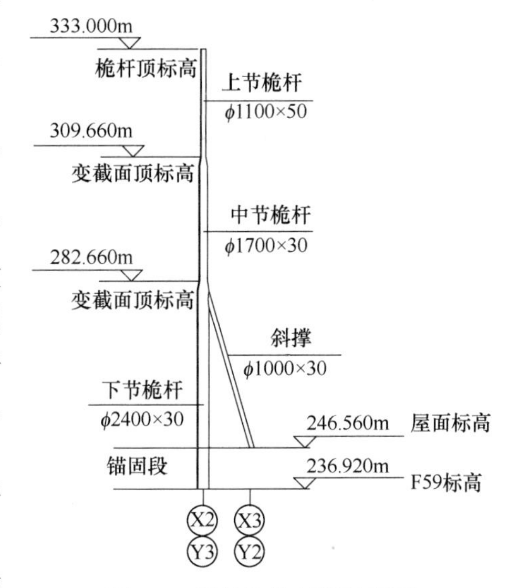

图 8-3　钢结构桅杆设计简图

1）利用 M440D 塔式起重机将钢结构桅杆构件吊运至攀升吊起吊范围；

2）完成构件交接以后，塔式起重机吊钩撤离，攀升吊提升构件；

3）构件提升到位后进行第二次交接，平移就位、校正、焊接；

4）攀升吊爬升，进入下一个安装循环，直至钢结构桅杆安装完成，如图 8-4 所示。

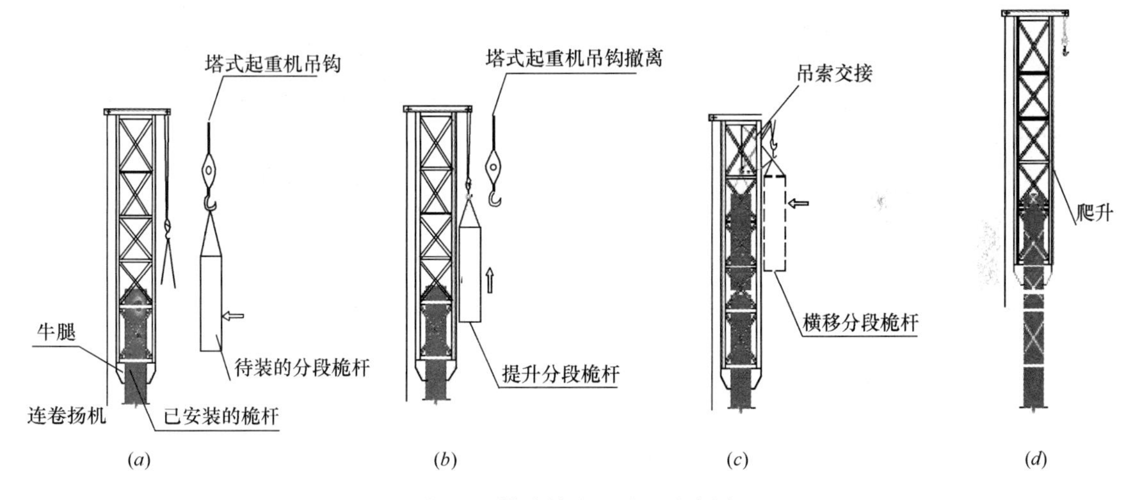

图 8-4　攀升吊施工过程示意图

**4. 关键技术**

1）攀升吊设计

攀升吊是一种能够附着在钢结构桅杆上自行爬升的简易吊装装置，它具有提升、平移钢结构桅杆构件的功能，并能够随着钢结构桅杆安装逐步向上攀升，形成更大高度的吊装能力。攀升吊主要由承重支架和提升动力系统组成。攀升吊承重支架为方柱形，长、宽均为 2.11m，高为 10m，由角钢焊接而成。其中主肢选用 L180mm×12mm 焊接方形钢管，缀条选用 L100mm×10mm 角钢，2 根作为起重臂的上横梁呈工字形，由 25C 槽钢双拼而成，如图 8-5 所示。提升动力系统采用 10t 电动卷扬机和 10t 捯链，担负构件垂直提升和水平就位任务。

2）攀升吊装

首先利用M440D塔式起重机把分段的钢结构桅杆构件吊至攀升吊下方，实现钢结构桅杆构件在塔式起重机与攀升吊之间的空中交接。然后撤离小型施工机械，利用攀升吊的10t电动卷扬机将钢结构桅杆构件提升到所需安装高度。再实现钢结构桅杆构件在攀升吊电动卷扬机与捯链之间的空中交接。构件交接过程中，电动卷扬机的吊索缓慢下降，10t捯链逐步收紧直至承担桅杆构件全部重量，由此实现钢结构桅杆构件水平就位至设计位置，如图8-6所示。最后进行构件校正、固定和连接，使桅杆形成整体，完成一节桅杆吊装。

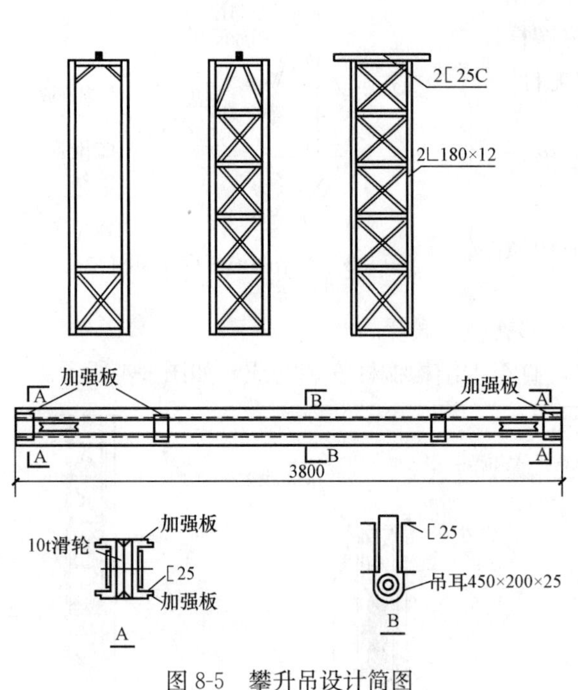

图8-5　攀升吊设计简图

图8-6　攀升吊装实景

3）攀升吊爬升

当完成一节分段的桅杆结构安装后，攀升吊装架借助桅杆结构进行爬升以创造更大的施工高度。爬升前，以分段桅杆结构顶部的装配板为依托，捯链倒挂在装配板上，另一端与攀升吊承重支架底部相连，通过4个捯链收紧来实现攀升吊的爬升。在爬升的过程中，操作人员在收紧捯链时必须保持基本同步，避免偏差过大。

### 8.2.3　广州塔

**1. 工程概况**

广州塔天线钢桅杆分为格构段和实腹段两部分。

格构段自标高453.83～550.50m，长96.67m。其由8根钢管柱、水平环杆和斜杆组成，呈八边形，对边距由12m逐渐过渡至3.5m。钢材主要采用Q390GJC高强度低合金结构钢，部分H型钢环杆和斜杆采用Q345GJC。节点连接以等强焊接连接为主，部分H型钢连接采用高强螺栓。见图8-7。

实腹段自标高550.50～610.00m，长60.5m，其截面形式为正方形和正八边形，对边

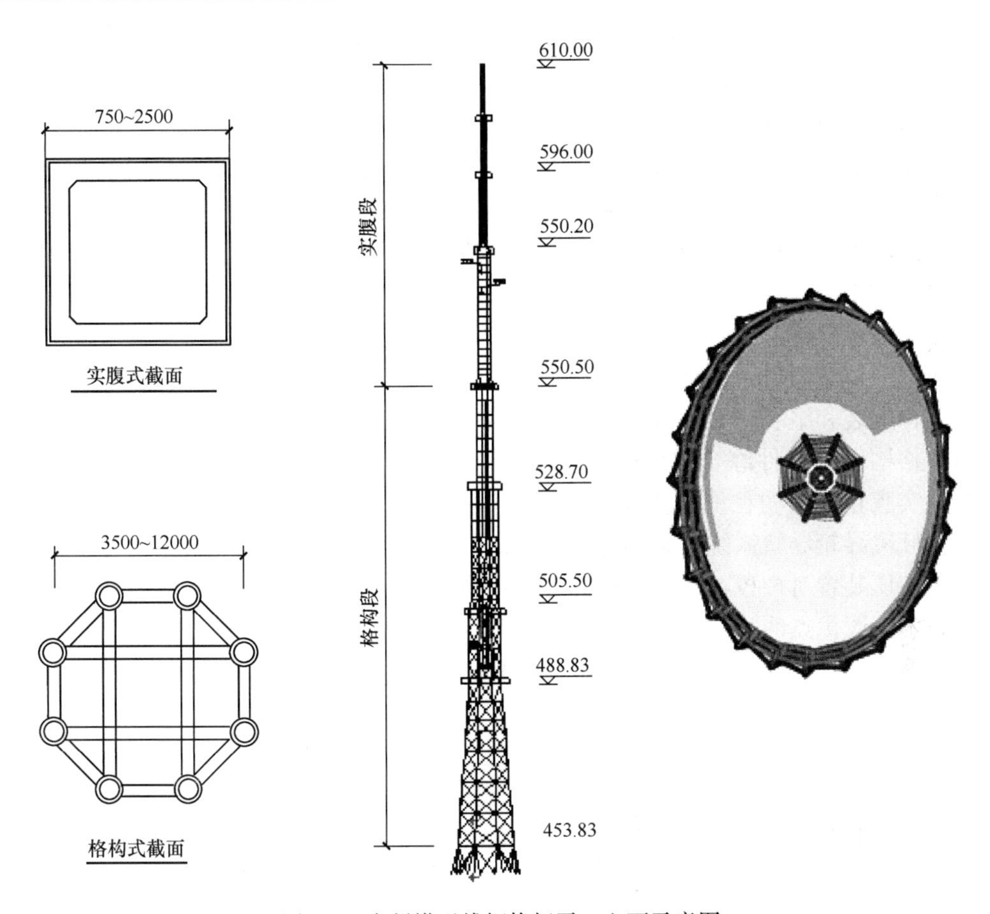


图 8-7 广州塔天线钢桅杆平、立面示意图

距 2500～750mm，呈阶梯状变化。钢板厚度最大达 70mm。钢材采用 BRA520C 高强耐候钢，焊接等强连接。

**2. 施工特点**

建筑结构顶部桅杆因所处高度原因，常给施工带来额外的困难。重 1300t、高 156m 的钢天线桅杆安装于地面也是一个不小的工程，况且要安装在 454m 的高空，顶部标高达到 610m，主要存在如下几个难点：

1）天线桅杆总高 156m，并且处于 454m 的高空安装，需根据结构、环境、工期要求等具体情况，因地制宜地选择主要起重设备和采用特殊的施工工艺；

2）多台大型起重设备布置于塔顶结构上，其布置涉及各种因素，如桅杆分段垂直运输和安装的工艺要求，塔式起重机自身的安装、转换和拆除，以及塔基和附墙对原结构的影响等；

3）如何充分利用起重设备超高空垂直运输能力，结合制作、运输要求，合理划分构件单元，以提高桅杆安装效率；

4）在综合安装或采用提升工艺时，如何确保结构在各施工阶段的稳定，并对可能遭遇的超高空风荷载制定有效的应对措施；

5）根据钢桅杆的施工工艺，部分桅杆结构需在设计单位的支持和配合下，进行调整，采取必要的构造措施，并涉及结构的整体验算和天线发射功能的协调；

6）在安装桅杆过程中，解决测量、焊接、登高操作和特殊气象条件下的施工安全，亦是工艺设计的重要组成部分。

具体包括：总体施工技术路线，塔式起重机布置方式，制作（运输）、安装单元的划分，施工工序流程，塔顶（标高453.83m）施工平面布置，提升段组装承重平台设置，提升设备布置，提升段抗倾覆措施，施工测量，高空焊接及高强螺栓施工，施工阶段结构稳定，施工阶段桅杆结构受力分析，安全设施和应急措施等。

**3. 施工工艺**

确定如下总体施工技术路线：

经研究分析广州塔主体结构顶部布置1台外附自升式重型塔式起重机进行构件的垂直运输、结构安装和组装；采用全站仪和天顶仪进行结构的测量和垂直度控制；＋528.7m标高以下格构结构分件综合安装（综合安装段）；＋528.7m标高以上（提升安装段）格构结构及实腹箱形结构在桅杆内＋453.83m标高的平台上分段组装成整体；利用现有结构设置抗倾覆导轮导轨系统；采用计算机控制液压提升设备把上部桅杆结构提升至设计位置；应用液压装置对位校正后进行栓焊连接；最后进行次结构的安装和涂装施工。

该技术路线优点明显：

1）在保证安全的前提下重型塔式起重机布置于主体结构上，降低了塔身高度，方便了施工。

2）鉴于塔式起重机垂直运输时，单绳最大起重能力仅为25t，制作和运输分段依此质量为控制。在塔顶（标高453.83m）楼层设构件组装平台，将部分制作分段组拼成吊装分段，质量控制在50t左右，塔式起重机改由双绳起吊。将超高空焊接改为结构楼层上焊接，降低了危险，提高了效率，并有利地保证了焊接质量。

3）综合安装段与提升安装段两部分分节交互组装，维持适度的高差，以便互为依靠，方便结构定位，并尽快形成单元刚度，提高施工阶段的结构稳定和抵抗风荷载的能力。

4）以标高＋518.7～＋550.5m、对边距为3.5m的等截面格构段的钢管立柱为导轨，在综合安装段的适当标高设置多组可微调导轮，构成提升过程中的导向和抗倾覆系统，保证高重心状态下桅杆结构提升的稳定和抵御风荷载的可靠性。

5）在＋528.7m标高处加设6m高的辅助构架，增设1个临时施工平台和1组抗倾覆导轮。改善桅杆提升到位时结构抗倾覆性能，增加散装的外部平台等构件的堆放空间。

6）综合安装段顶部（标高528.7m）设置提升平台，布置8组（20个）穿心式液压千斤顶及4台液压泵（另有1台备用），以高强度低松弛钢绞线为承力部件，计算机多参数自动控制，实现提升段天线钢桅杆的超高空连续提升，快速就位安装。

7）缓装的井字梁和层间电梯井道、内爬梯、消防水箱等次结构，均在桅杆主体结构完成后补装，塔式起重机无法直接吊装的部位采用卷扬机土法安装，由上至下依序安装。阻尼装置在桅杆组装时一并装入，同时提升。综合安装段的外部平台与结构同步施工，提升段的外部平台则随桅杆提升到一定位置后适时安装。

**4. 关键技术**

1）整体提升工艺及设备

天线钢桅杆提升段高约92m，重约640t，采用“钢绞线承重，液压千斤顶集群作业，计算机同步控制”的提升安装工艺。即在综合安装的格构段顶部＋529.00m标高处设置提升平台，布置 20 只 50t 级穿心式液压千斤顶作为提升设备。液压千斤顶安装在提升支架上，承重钢绞线通过液压千斤顶夹具固定下垂，然后通过钢绞线底锚与提升段底环锚固。提升时液压千斤顶，上下锚交替作业，向上提起承重钢绞线，以钢绞线传递动力，天线提升段上升，在计算机的控制下向上作连续垂直运动，直至安装至设计位置。

液压千斤顶的配置提升能力为 1000t（50t×20），提升荷载即提升段质量约为 640t，配置系数 $k$=1000/640=1.56；计算机可根据桅杆垂直度、千斤顶油压等多项参数实现多目标实时控制和自动连续作业。提升速度 2～4m/h；提升总高度约 65m。

天线钢桅杆提升前应对组装完毕的结构和提升装置作全面的检查验收，并对提升阶段的气候条件作详细跟踪预测，选择适当的气候条件（特别是风速情况）实施提升。

2）抗倾覆导轮导轨系统

经计算，提升段天线重心位置高于提升底座底面约 30m。为保证高重心状态下桅杆提升的稳定和抵御风荷载的可靠性，以标高＋518.7～＋550.5m、对边距为 3.5m 的等截面格构段钢管立柱为导轨，在综合安装段的适当标高处设置多组可微调导轮，构成提升过程中导向和抗倾覆的导轮导轨系统，如图 8-8 所示。

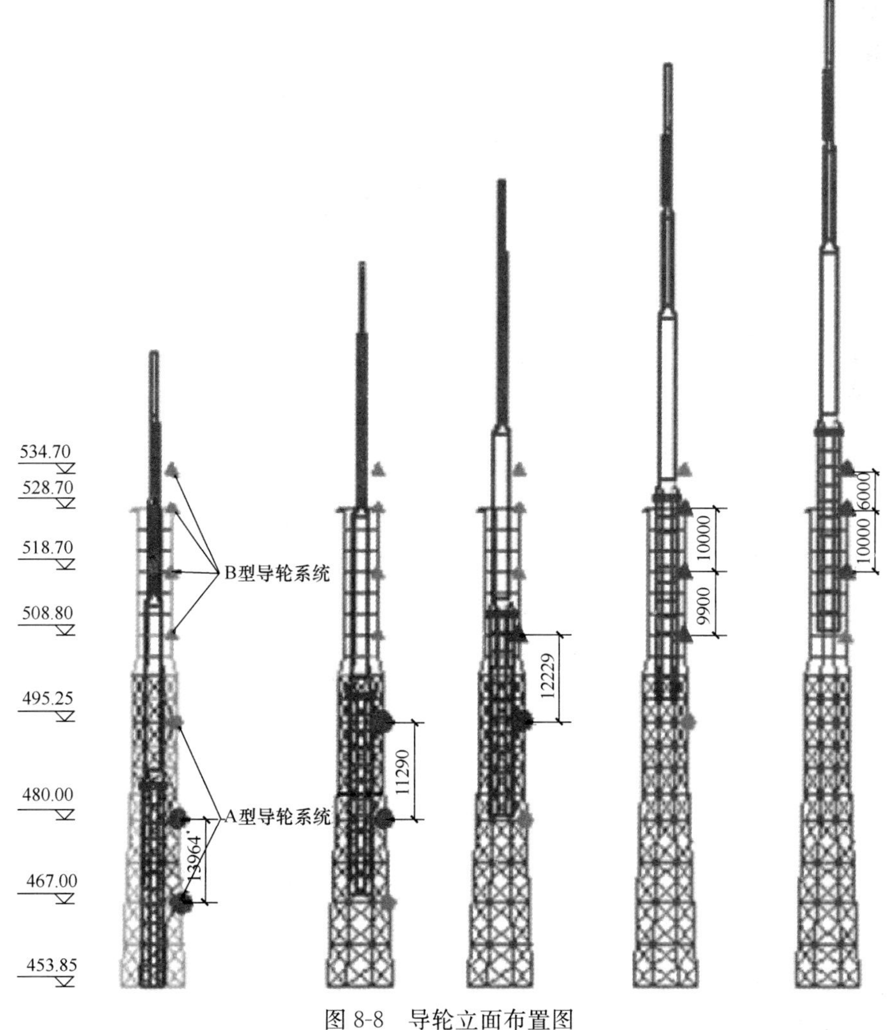


图 8-8　导轮立面布置图

导轮导轨系统的受力，以风荷载为主，桅杆倾斜造成的荷载为次。确定如下天线钢桅杆施工阶段抗风的施工、设计和应急措施三原则：

（1）施工原则：6 级风提升。即提升作业时风荷载以 6 级风（12.29 m/s）考虑。

（2）设计原则：8 级风设计。即导轮导轨系统按 8 级风设计（18.92m/s）。

（3）应急措施：考虑出现广州地区 10 年一遇大风时（0.3kN/m$^2$）的应急措施。

经计算，第一阶段每组导轮系统（A）的荷载≤30t，第二阶段每组导轮系统（B）的荷载≤70t。据此进行导轮的设计。

每组导轮系统由导轮和结构连接件组成，见图 8-9，为简化设计和制作，导轮系统的关键组件——导轮，设计为统一规格，单个设计荷载为 35t，采用直径为 200mm 的尼龙滚轮，以保护提升段结构的防锈涂层。考虑到结构安装时存在偏差，导轮可作±15mm 的径向调整。

A 型导轮系统布置于综合安装段内水平环梁上，见图 8-9；B 型导轮系统布置于综合安装段钢管柱内侧，见图 8-9。两个型号系统的组件导轮相同，区别仅在于结构连接件。

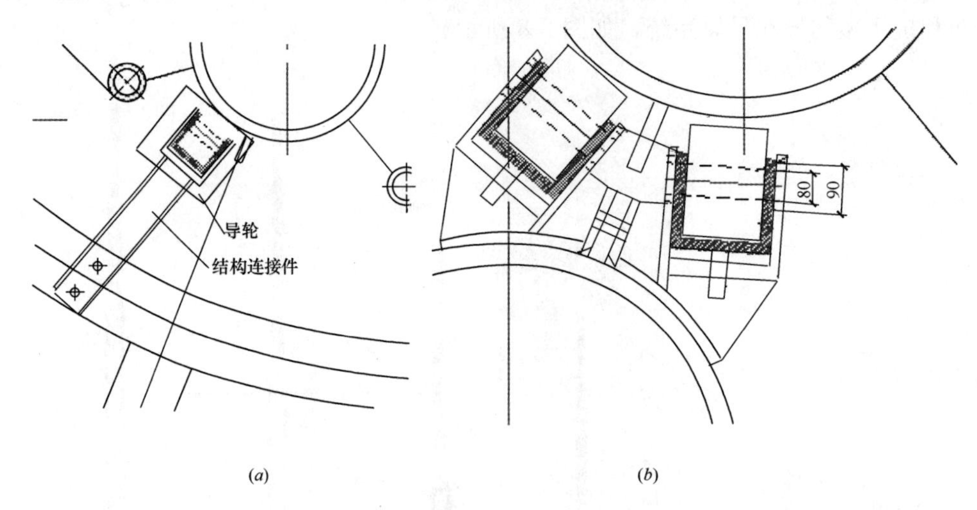


图 8-9 导轮系统

(*a*) 一组 A 型导轮系统示意图；(*b*) 一组 B 型导轮系统示意图

在布置导轮系统的每一个标高处，各设置 8 组导轮系统。第一阶段每组 A 型（见图 8-10）导轮系统由一套导轮和结构连接件组成；第二阶段每组 B 型导轮系统（见图 8-11）由两套导轮和结构连接件组成。

提升时每侧导轮系统与提升段之间留有 10mm 间隙，保证提升段既不会倾覆，又不致卡轨。

3）特殊耐候钢高空焊接技术

广州塔天线钢桅杆安装阶段焊接工程须在超高空进行，施工条件相对较差，且届时天气潮湿，需考虑较完善的施工措施，方可保证焊接质量。

天线钢桅杆格构段材质为 Q390GJC、Q345GJC，而难点在于实腹段箱型截面材质均采用 BRA520C 钢，这种钢材强度级别高、淬硬性和冷裂倾向相对增大，为国内首次应用。根据设计要求，实腹段采用全熔透焊缝一级焊缝，100%超声波检测。耐候钢力学性能和化学指标详见表 8-1、表 8-2。

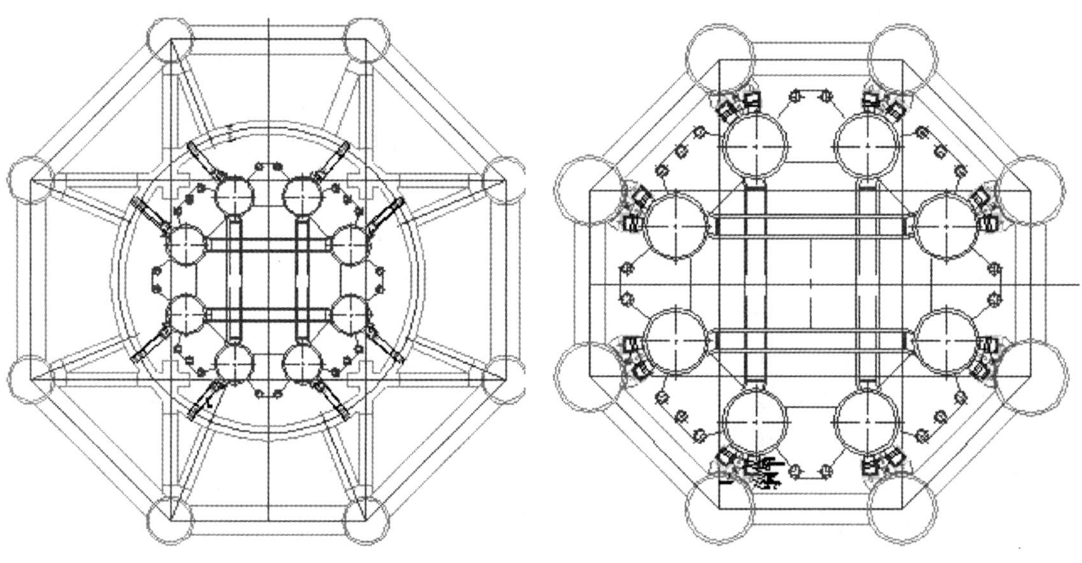

图 8-10　A 型导轮系统布置示意图　　图 8-11　B 型导轮系统布置示意图

**钢材强度设计值**　　**表 8-1**

| 钢号 | 厚度或直径 (mm) | 抗拉、抗压和抗弯 $f$ ($N/mm^2$) | 抗剪 $f_v$ ($N/mm^2$) | 端面承压（侧面顶紧）$f_{ce}$ ($N/mm^2$) |
|---|---|---|---|---|
| BRA520C | ≤16 | 375 | 215 | 440 |
| | >16～35 | 375 | 215 | |
| | >35～50 | 370 | 210 | |
| | >50～100 | 360 | 205 | |

**钢材冲击韧性要求**　　**表 8-2**

| 钢材牌号 | 主结构 |
|---|---|
| BRA520C | C 级，0℃时 $A_{kV}$≥47J |

BRA520C 钢选用 J556CrNiCu（型号 E5518）焊条。参数见表 8-3。

**焊条参数**　　**表 8-3**

| 位置 | 预热方式 | 焊接方法 | 板厚 (mm) | 焊接材料 (mm) | 焊接电流 (A) | 焊接电压 (V) | 焊接速度 (cm/min) |
|---|---|---|---|---|---|---|---|
| 横焊和立焊 | 电加热为主 | SMAW | 40、60 | J556CrNiCu $\phi$3.2、$\phi$4.0 | 100～180 | 22～28 | 9～18 |

BRA520C 钢焊接主要采用焊条手工电弧焊。BRA520C 钢与 Q420 相似，但比 Q420 多加入了 P、Cu 两种元素，提高了抗大气腐蚀性，但这两种元素易使焊缝热裂纹倾向增加。工艺评定试验表明，焊接时母材温度如果低于 80℃，裂纹急剧增多，因此为保证现场焊接质量，采取如下质保措施：

（1）预热。预热以自动控制的远红外电加热板加热为主，火焰加热为辅。自动控制的远红外电加热控制柜规格为240kW，电加热板规格为10kW/块，预热范围为坡口及坡口两侧不小于板厚的1.5倍宽度，且不小于100mm。测温点应距焊接点各方向不小于焊件的最大厚度值，且不得小于75mm处。采用焊根位置温度作为控制温度，即焊根必须达到100℃方可开始焊接。并在焊缝上下范围内采用石棉保温，延缓构件散热降温速率。焊接过程中，如有必要，可采取火焰补热或同时电加热措施保证温度。

（2）检查坡口装配质量，应去除坡口区域的氧化皮、水分、油污等影响焊缝质量的杂质。如坡口用氧-乙炔切割，还应用砂轮机进行打磨至露出金属光泽。

当坡口间隙超过允许偏差规定时，通过在坡口单侧或两侧堆焊使其符合要求。

（3）后热处理主要为降低留在焊缝中的氢含量，减小氢致裂纹倾向。为此，从焊接材料、预热方面采取一些措施。首先，选用低氢焊材，从熔敷金属上降低氢含量；其次，适当提高预热温度，进一步降低焊缝热影响区的冷却速度，以防止延迟裂纹的产生。根据广州市的气候特点，针对BRA520C钢，采用焊后加热器再加热1h，并用石棉包裹接头两侧不小于500mm的范围，使整个接头冷却速度减缓。

4）天线钢桅杆测量技术

天线钢桅杆分为综合安装段（标高454.83～529m）安装和提升段（标高518.10～618m）安装。按结构形式综合安装段为格构段，提升段为格构段（标高518.10～549.00m）和箱型段的组合（标高549.00～618m）。

天线钢桅杆安装采用坐标法测量定位。首先利用原有核心筒内的投影点，经复核调整后定位天线基础调整段控制位置，并据此在塔顶布置测量基准网。原有核心筒投影点如图8-12所示。

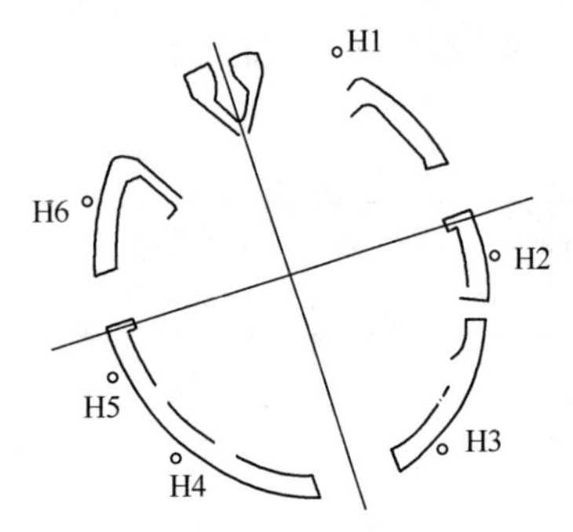

图8-12　核心筒投影控制点平面图

为满足天线钢桅杆校正，控制点选择必须保证通视条件好，并考虑避让塔式起重机布置位置。天线钢桅杆测量基准网由5个空间点组成，如图8-13所示。控制点坐标见表8-4。

**控制点坐标　　表8-4**

| 点号 | 坐标（m） | |
|---|---|---|
| | *X* | *Y* |
| A1 | 26.420 | －9.515 |
| A2 | －14.580 | －9.515 |
| B1 | 7.420 | －18.015 |
| B2 | 7.420 | 6.985 |
| 核心筒中心 | 7.420 | －5.515 |

A1点布置于E15-A夹层（标高451.2m），A2、B1、B2布置于E16层（标高＋453.85m）。核心筒中心观测点布置于天线钢桅杆提升段内，并利用天顶仪逐节向上投递中心坐标。该基准网采用全站仪复测无误后方可使用。

核心筒中心坐标控制点主要用于复核综合安装段立柱及提升段立柱空间坐标。首先在

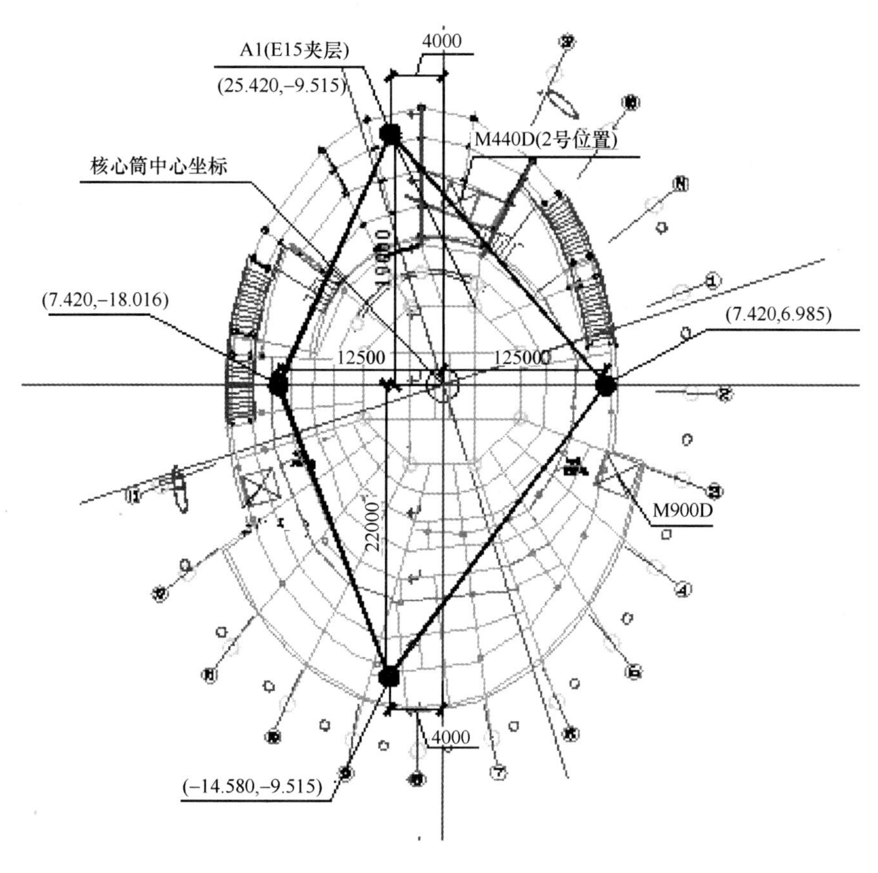


图 8-13　控制点布置图

453.83m 标高井字梁面上刻画定位十字线（见图 8-14），以墨线弹出，并采用线绳捕捉核心筒中心点。再采用垂准仪逐段将中心点坐标投递到提升段中心槽钢上。

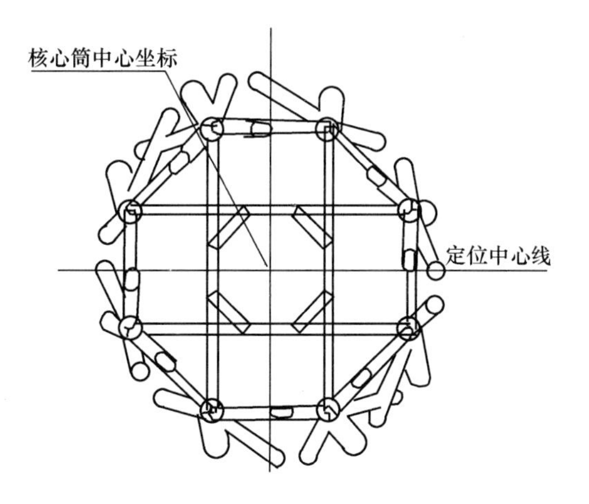


图 8-14　453.83m 标高井字梁面提升段定位十字线

在电视塔外围设置若干辅助控制点，当天线钢桅杆提升到位后，用于桅杆提升段的垂直度定点测量。

## 思　考　题

1. 塔桅结构安装工艺有哪些?
2. 详细描述塔桅结构攀升吊装工艺及整体提升工艺。
3. 相比钢结构框架与桁架安装技术，请详细说明钢结构塔桅的优缺点及其使用条件。
4. 结合上海世茂国际广场，详细说明钢结构塔桅安装技术的工艺流程。